生活中的

数学思维

宋宇 著

光明日报出版社

图书在版编目（ＣＩＰ）数据

生活中的数学思维 / 宋宇著 . –– 北京：光明日报出版社，2011.6 （2025.1 重印）

ISBN 978-7-5112-1137-8

Ⅰ . ①生… Ⅱ . ①宋… Ⅲ . ①数学－普及读物 Ⅳ . ① O1-49

中国国家版本馆 CIP 数据核字 (2011) 第 066682 号

生活中的数学思维

SHENGHUO ZHONG DE SHUXUE SIWEI

著　者：宋　宇			
责任编辑：温　梦		责任校对：华　胜	
封面设计：玥婷设计		封面印制：曹　净	

出版发行：光明日报出版社

地　　址：北京市西城区永安路 106 号，100050

电　　话：010-63169890（咨询），010-63131930（邮购）

传　　真：010-63131930

网　　址：http://book.gmw.cn

E - mail：gmrbcbs@gmw.cn

法律顾问：北京市兰台律师事务所龚柳方律师

印　　刷：三河市嵩川印刷有限公司

装　　订：三河市嵩川印刷有限公司

本书如有破损、缺页、装订错误，请与本社联系调换，电话：010-63131930

开　本：170mm×240mm		
字　数：210 千字	印　张：15	
版　次：2011 年 6 月第 1 版	印　次：2025 年 1 月第 4 次印刷	
书　号：ISBN 978-7-5112-1137-8		

定　价：49.80 元

序言

　　"一个国家的科学水平可以用它消耗的数学来度量。"这是科学家拉奥说的一句很著名的话。数学决定着一个国家科技的进步，是关系着一个国家未来发展的核心学科，在这一点上已经达成共识，但人们一般不去注意数学对人类个体的影响。随便问问我们周围的人，或者是路上的行人，什么是最重要的或最有用的学科是什么？不能指望他们的答案会是数学，当然他们也不会去谈论数学对于生活的重要性。

　　人们对数学的了解大部分是从一本本教科书、一堂堂数学课中逐渐形成的，很多人习惯于把数学看成一套一套的数字。但把数学看成一套一套的数字就限制了数学的含义。因此大多数人的感觉是：数学是数学，生活是生活，在很少的时候二者才发生关系。事实上，一方面生活是数学的源泉，另一方面数学也在对人的生活产生着深刻的影响。

　　如果我们尝试去关注一下数学的自然本性以及数学式的思维在我们大脑中的应用，我们或许会有些惊讶，原来数学能力就像人的语言能力一样，是人类最基本的智慧之一，数学就像人的语言一样熟悉，它就在我们的内心。我们运用它理解和把握我们所生活的世界，它则以推理和计算的形式左右着我们的思想、判断和行为。几乎世界上所有的学校都把数学作为一门基本科目，这不仅是科技发展的需要，也是每一个人健全自己的心理、发展自己的基本智能的需要。数学对人的思维和精神具有一种潜移默化的导向作用，通过这种作用影响着人的发展，并在很大程度上决定着人和人之间的差异。

　　本书是一本从全新的角度谈论数学的书，全书围绕着数学与生活，展示了数学在生活中的广泛运用以及数学对人的深远影响，同时也分析了数学学习和研究中的深层心理因素，并为人们学习数学、提高数学思维能力以及在生活中更好地运用数学思维提供了积极的指导和建议。本书的叙述包括以下几个方面：

　　1. 通过对一些在生活中经常萦绕在人的脑际，并为很多人感兴趣的问题的探讨，使人了解在生活细节中的数学层面。数学是以各种各样的形式渗透在生活之中的，并以我们所不太注意的方式发挥着它的力量，所以，数学也是我们了解和把握生活的有力武器。

2. 柏拉图有一句名言："没有数学就没有真正的智慧。"本书揭示了数学训练对人的深刻影响。数学不仅影响着人的思维，还对人的观念和情感等精神因素发生作用，从而培养和塑造着人的个性。

3. 从新的鉴赏角度，展示了数学的魅力所在，数学是充满智慧、令人神往的学科。数学的迷人之处究竟在哪儿？为什么数学会充满趣味和娱乐？如何享受到数学的乐趣？细心的读者能从本书中找到一些答案。

4. 数学讲究逻辑，但是数学的思维并不只是理性思维。数学思维像其他的人类行为一样，是人的一种基本能力。这种能力使每一个人都有可能进行适合自己的发展。

5. 从学业上来说，数学是大多数学生都回避不了的，一些学生甚至会为数学苦恼。我们最熟悉的东西常常是我们最不了解的，本书以独特的视觉对人的数学方面的能力作了深入的探讨，力求揭示数学思维中的一些微妙的心理因素，并给出一些学习数学和提高数学能力的新颖的见解。

6. 本书告诉人们：学习和研究数学应该是一场精彩又富有启发性的旅行，这个旅程不仅能体验到令人沉迷的风景，还能收获到精美的果实。但你首先得沉下心来，了解数学中的奥妙，学会欣赏数学之美。

一些人总是急功近利，他们想直奔自己的各种各样的理想，忽视了如何实现的过程，不去寻找实现这些目标的途径。假如人生是在建筑一座大厦，那么财富和劳动是重要的，而真理和智慧同样重要，数学代表的就是真理和智慧。我们把社会可以看成由这一座座建筑物组成的街道，一个人如果想成为街道两旁的一道建筑风景，好好修炼属于自己的数学是一个好的选择。

有人说，在现代社会，没有相当的数学知识就是文盲。事实上，数学正变得越来越重要，数学专业在许多高校的招生排行榜上的位置也越来越靠前。如果本书的一些看法能给读者带来一些启示，从而有益于读者在数学上的发展，并使生活变得更加精彩，则作者会感到很欣慰。

CONTENTS

目 录

第**1**章

发现数学

数学既简单又深奥，简单到 1+1 也是数学，3 岁幼儿也能算出来；深奥到一些最尖端、最前沿的数学，全世界也没有几个人能了解得很透彻。数学的内涵随着数学的发展也在不断深化，为了能更精确地了解什么是数学，我们应该拥有一个对数学的立体的感觉，让我们从不同的角度来接触它，一点点感受数学的丰富和深邃。

第一节 数学门外谈数学

数学科学是人类（主要是数学家）所发现的数学规律并按照数学特有的演绎规律组成的科学体系。从数学的形成来看，它是人类数学发现和创造积累的结果，浓缩了所有数学研究的正确结论。对人类而言，数学从发展到现在，就数学知识所达到的广度和深度来说，它就像一个浩渺无际的大海。

盲人摸象

大家都知道有一个很著名的"盲人摸象"的故事，这个故事说明：由于每个人自己感知事物的角度不同，对同一个事情，不同的人常常有不同的看法。人们对概念的掌握通常不是通过精确的定义，而是通过对具体事物的感觉和接触而逐渐形成的，就如盲人摸象，如果不是只摸了一个部位，而是从不同的角度摸到了，也就大概知道象是个什么事物了。人们对数学的认识常常是由自己所掌握的数学知识所组成的，由于对数学的理解和学习的深度不同，人们对数学的感觉和认识也不一样。

在现实生活中，人们通常根据数学和自己的关系来对"什么是数学"形成判断。一些人对数学不太了解，也不想了解太多，但是也知道数学是学校教育中的基础课程之一，是一门很重要的必考课程。数学给很多人的印象是，学数学很枯燥，很乏味，很费脑子，要做很多很多令人厌倦的题，令人想逃避，要想学好数学更是一件难事。

人们对数学的了解主要是在学校里的课堂上得到的，大部分人对数学的认识就是数学课，一系列的数学知识和一系列的数学题，但是课堂上的数学由于教育的目的，出于对学生的接受能力的考虑，是经过精心编排的数学。在抽象性上不像数学科学那样高度抽象。数学科学，是严格按照逻辑法则建立起来的逻辑链，课堂上的数学则是相对松散的。

数学令人害怕吗

大多接触过数学的人看稍微深一点的数学书，就会感觉像是在看天书似的。数学给人的印象是：符号、公式和定理，让人认为去理解数学是一件非常不容易的事情。但是符号只是一种语言，一种表达和交流的工具，数学的语言是精确的，每一个符号、每一句话都有其特定的含义，这一点上不像日常生活中的语言，有些词和句子我们很早就学会了，也在使用它们，但是我们常常不能很好地解释它们，有些诗人和语言大师们运用词和句子的用意更是让人难以捉摸。从这个角度来说，数学是简单的。当然学会使用数学的语言也像学习其他语言一样，需要下一点功夫。当然，数学本身不只是"数字符号"，它有更丰富的内涵，数学更需要人们动脑筋思考。

数学的思考是建立在抽象概念的基础上的，很多人在理解数学时遇到了困难，便为自己找借口说："数学太抽象了。"其实所谓"抽象"，顾名思义就是"从现象中抽出来"，目的是为了研究的方便，因此抽象并不可怕，数学中最常见的数字和图形，都是从现实世界中我们所能感觉到的现象中抽出来的，它们并没有超出人类经验的范围。无穷大"∞"和复数虽然人们看不到，但也是可以在现实的基础上想象的。数学是一门高度抽象化的科学，抽象的结果不过是抛弃了一些干扰我们视野的具体形象，从而简化了我们的思考，使我们更方便地研究这个世界。

数学大多数时候是对现实世界的一种思考、描述、刻画、解释、理解，其目的是发现现实世界中所蕴藏的一些包括数量、图形，以及其他可以予以抽象的事物的规律。从这个意义上说，数学与人的生活是息息相关的。对数学门外汉来说，数学是很神秘的。但是解开数学的神秘面纱，你会发现数学原来就在自己的身边，甚至更近，就在自己的大脑之中，在思想的深处。所以别把数学想象的那么困难和枯燥，也不要认为数学排斥常识，数学仅仅是常识的一种很微妙的表达形式。

数学最令人苦恼的地方，莫过于数学问题的丰富和对智力的挑战，或许你对数学非常害怕、非常恐惧，认为学好数学是需要某种智慧和天赋的，自己很笨，不可能学好数学，但事实上，数学能力的发展有其关键的阶段，如果没有错过这个时间段的话，你完全可以很好地发展自己的数学能力。数学有各种层次的数学，最高层次的数学创造能力是需要天才一般的数学天赋的，也需要一种执着精神。但是每个人都可以根据自己的能力来学到自己需要的那一部分数学。学数学学到微妙处，就能为自己的人生增添一种前进的动力。

数学其实很可爱

有些人喜欢数学，有些人不喜欢数学，这就像有些人喜欢下围棋，而有些人不喜欢。通常，人们对某些事物入门以后才会喜欢。对于喜欢数学的人来说，它是一种有趣的游戏，其中趣味和研究者对其的爱好，正是数学发展的主要动力之一。是否对数学感兴趣也是在学校里的数学成绩优劣的决定因素之一。

很多学生并不喜欢数学，甚至有些反感，在他们的印象中数学只是"计算"和"证明"，学数学只要会做题就行。事实上这种看法是一种偏见，也是传统应试教育的引导所造成的误区。或许正是因为反复地做大量的题，才使人们对数学逐渐形成了一种厌烦情绪，抑制了人们对数学的兴趣。

通过阅读本书后面的部分，你将会感觉到数学有着比做题要丰富得多的内涵。数学的学习方式也不是只有在有限的课堂上的学习形式。数学学习有着更广泛的思维空间和实践空间，是生动有趣的学习活动。在数学的花园里，做一个好奇的学生去用心体会和感悟，就会发现这里是一个拥有很多奇妙果实的世界。我们可以自由探索自己心目中的数学世界，正是这种自由探索才能体会到数学之可爱，也丰富了作为万物之灵的人的人性。

很多人喜欢下棋、打扑克、打麻将等游戏，细究为什么会沉迷于它们，甚至上瘾？原因之一就是因为游戏过程中有数学的计算和要运用数学的思维。但是学下棋真要下到成为一种爱好，是需要入门的。同样，学数学只要入对了门径，你就会觉得数学是一种非常令人沉迷的学问，通过学数学，你还有可能得到一些游戏中不能得到的乐趣和知识，而这些可能会影响到你一生的发展。因此，数学实在是太可爱了！

第二节 人的智慧、模型和数学

一个学生如果数学成绩好，会被认为很聪明；一个人如果成为数学家，会被认为具有某种智慧。那么这是一种什么性质的智慧呢？数学到底是什么以及这种数学方面的智慧来源于何方？对此我们未必十分清楚，原因之一是我们对这些问题缺乏研究。

按照现代的观点来看，人的大脑就认识和判断的能力来说，是一个信息加工机器。它对来自外界环境的各种信息进行选择、归类和推理等加工，加工的目的是认识这个世界，以及为更好地适应或改变这个世界做出决策。加工的方式之一，是把自己的观察和思想组织成概念的体系，我们可将这些概念的体系称为模型。这种模型如果发展成熟到某种程度就称之为理论。在生活中，我们有时会感到某些人说话一套一套的，其实是指一套理论，可以观察到大多数人都在某些时候有这种应用或建立理论模型的倾向。大多数人满足于别人所构造的模型，也有些人能创建新的模型或改进旧的模型。人其实是具有学习、构造和应用理论模型的能力、趣味和需要的。

模型的建立在人类思想的发展中起着极其重要的作用，模型的建立使我们得到对外在世界的原始观念，进而使我们得到科学的理论模型。在科学中，模型的正确与否是通过逻辑和实验来检验的。这就使得我们有必要把模型和我们设想该模型所表现的外在世界十分清楚地区别开来。这个原则现在已经在许多科学分支中通用。正是这个原则在科技上的普遍应用，使人类的知识和能力达到了一个全新的生机勃勃的境界。

数学正是人类所构造的一种科学模型。数学模型在概念上是首尾贯穿的，并且具有严密的逻辑性、唯一性。比如，宗教是人类在世界中的位置的模型，哲学也是关于人类和世界的模型，它们也使用逻辑作为推理工具，但不具有唯一性，以至于不同的宗教和不同的哲学之间谁也不能说服谁，但是数学就不同，谁也不会去反对它，因为反对它，就是向自己的常识和逻辑挑战。

最简单的数学模型就是自然数 1、2、3……集合。如果有一些对象，除了它们的数目之外其他性质我们都不予考虑的话，我们就可以用自然数来数它们。在一切语言中，都有自然数出现，只是有的语言中表示数目的名称多些，有的语言中少些。一切民族都使用自然数这种模型。

希腊数学家创造了一种数学模型——欧几里得几何。欧几里得的《几何原本》中描述了这个模型，并且讨论了直线、三角形以及其他几何对象，它们都出现于我们的日常生活中，例如拉直了的绳子和所画的图形。它们已经抽象化，而它们的相互关系总结在一些类型的公理中："通过任意两个不同的点，能够作且仅能作一条直线。"欧几里得几何模型就是通过这些为人类的直观所认可的公理固定下来的。于是欧几里得几何理论以逻辑为其唯一工具而建立起来。这种理论包含着大量与现实观察从来不矛盾的结果，例如这样的定理：三角形的三个内角之和等于两个直角。数学正是通过诸如欧几里得几何而获得最严格与最纯粹的科学的名声的。

早期数学的产生和发展始终围绕着数和形这两个概念不断地深化和演变。大体上说，凡是研究数和它的关系的部分，划为代数学的范畴；凡是研究形和它的关系的部分，划为几何学的范畴。数和形的研究经常是相互交叉的，解析几何则是把代数方法和几何方法结合起来的一种创造。

数学的发展在早期是相对缓慢的，随着认识的发展和研究的积淀，数学逐渐取得了较大的发展，特别是最近的四个世纪是数学的一个大发展时期，数学的内容更加成熟和丰富，一些新的数学分支也建立起来。推动数学发展的动力一方面是现实的应用，另一方面人类主要是数学家建立在人类天赋基础上的对数学对象的领悟力和非凡的创造力。在数学的模型世界里，数学的对象显然是抽象概念。在数学家看来，对数学对象进行逻辑组织并进行公理化，似乎是唯一令人放心的合理的建立数学体系的方法，并且逻辑是最后判断正误的标准。数学发展到了 20 世纪，随着数学的系统化，模型的分析受到重视，逐渐发展出称为集合、群、环、线性空间、拓扑空间之类的数学模型。构成它们的是数学对象，而不是那些呈现在日常生活中的东西。在这个意义下，它们是第二代模型，集合论就是这种模型的一个例子。

数学的发展存在两种可能：一种是离开现实，只是纯粹推理；另一种是和现实生活联系起来。反映到数学发展中，就存在两种可能，一是不管现实如何，只是研究数学，就形成了纯粹数学；另外一种就是把数学和现实联系起来，就是应用数学。

现代的数学科学其实就是人类历史上所创造的各种数学模型的总和，它在语言的表达上是精确的，在逻辑演绎上有严格的要求，在应用方面是人类生存智慧的至高境界：以抽象概括能力和逻辑能力为基础创造一种模型作为工具，用以理解世界以及建立其他模型，终极的目的是实现人类的各种理想。

第三节 走近数学看数学

数学既然是一种理论模型，那么这种理论模型有什么特点？它对于人类意味着什么？它有什么用处？这是我们所关心的问题。数学可以认为是智力的自由运用和最高运用，数学使人的思维发展到了一个全新的境界，因为数学，人类的理性思维才达到了它光辉的顶点。

数学的价值和方法

柏拉图说："数学是一切知识中的最高形式。"数学是一个知识体系，这个知识体系是精妙的，是一种令人惊叹的理论创造。它使人类的眼光和思索延伸到了无限远的空间。数学自身的特点使数学在人类文化史中赢得了众多的溢美之词。有些学者甚至对数学有一种奇特的坚定的信念，毕达哥拉斯认为"数支配着宇宙"，"上帝创造了整数，其他一切都是人造的"。黑格尔则说："数学是上帝描述自然的符号。"

数学理论模型的一个重要价值是它的正确性。爱因斯坦说："数学之所以比其他一切科学受到尊重，一个理由是因为它的命题是绝对可靠和无可争辩的，而其他的科学经常处于被新发现的事实推翻的危险……数学之所以有崇高的声誉，另一个理由就是数学使得自然科学实现定理化，给予自然科学某种程度的可靠性。"数学的研究内容是抽象的，研究的结论建立在严格的推理基础上。

恩格斯认为："数学是研究现实生活中数量关系和空间形式的科学。"这句话很通俗，较为接近地反映了数学的研究内容，但是现在看来这句话不全面。比如，数学中集合的思想，集合既不是数量，也不是几何，它也是数学的研究内容。法国著名的数学学派布尔巴基学派则认为："数学是研究抽象结构的理论。"这话在数学专业人士看来，可能更易接受一些，但是却不那么通俗了。

人类从现实世界中抽象出一些属于事物共同属性的侧面来，形成和创造一些概念，凭心灵的直觉得到一些人人都得认可的公理知识，并在此基础上用符合逻辑的数学方法，得出一些完全正确的数学真理。数学的正确正是来自于其方法的力量，正是这种方法在结束人类知识的繁杂琐碎和众说纷纭，走向了秩序和有效率的轨道，为科学的发展做出了强有力的贡献。

数学的研究对象不是具体事物的规律，它不能成为规律的发现者，数学也不研究和缔造关于人生和社会的理论，但是可以毫不夸张地说，一切规律和假说要想得到一切自由的人类心灵的认可，取得绝对正确的地位，都要借助于数学的方法来说明自己，然后等待人类理性的裁判。如果没有数学所使用的方法的认可，则所谓规律和理论最终可能是虚假的，最多也只能是幼稚和有待完善的。所以现在的社会科学家，经常在尝试引用数学的工具，运用数学的方法来说明自己的理论。

所以，数学的价值还在于它的方法，它推理出来的东西是千真万确的。相比较而言，在人类的精神世界里，哲学太玄妙，宗教太神秘，文学太琐碎，艺术太虚幻，信仰太缥缈，只有数学是真实存在。

数学是人类智慧的至高境界

美国数学学会主席魏尔德说："数学是一种会不断进化的文化。"数学也可以看作一种文化，现在的数学也是一种过去所有时代的数学文化的积淀，所代表的既是人类个体的智慧，又是人类社会群体的智慧。

宇宙是浩瀚的，生命是灿烂的，这些并不令人惊讶，令人惊讶不止的是人类能够认识它，康德说过一句话："令人惊讶的不是宇宙的疆域如此辽阔，而是人类居然能够测量它。"测量它靠什么？靠科学，而数学正是在其中扮演着重要的角色。莎士比亚有一段著名的独白："啊！人类是一件多么了不起的杰作，多么高贵的理性，多么伟大的力量，多么优美的仪表，多么文雅的举动，在行为上多么像一个天使，在智慧上多么像一个天神，啊！宇宙的精灵，万物的灵长！"数学的发展，以及数学对社会所产生的强大推动力量，正为莎士比亚这段话做出了最好的诠释。

是啊，人类的理性是高贵的，它赋予人类伟大的力量。著名的美国数学思想家克莱因在其著作《西方文化中的数学》一书里，对数学所代表的理性精神作了精彩的论述，他说："数学是一种精神，一种理性的精神。正是这种精神，激发、促进、鼓舞并驱使人类的思维得以运用到最完善的程度，也正是这种精神试图决定性地影响人类的物质、道德和社会生活；试图回答有关人类自身存在提出的问题；努力去理解和控制自然；尽力去探求和确立已经获得知识的最深刻的和最完美的内涵。"

在生活中人人都或多或少地使用数学，而只有少数人有机会深入研究，这使数学成了一种优雅的富有品位的爱好。在中世纪的欧洲，甚至数学会是一位贵妇人的嗜好，而作为数学家的笛卡儿会被瑞典女王邀请到皇宫去讨论问题。正是这种使人在数学世界里驰骋的智慧，使人类的数学知识不断地积累，并应用于科学，使人类创造了现代的科学文明，从这个意义上看，说人类"在行为上多么像一个天使，在智慧上多么像一个天神"也并不算太过分。

数学是科学的女王

"数学是科学的女王，而数论是数学的女王。"这是被称为"数学王子"的数学家高斯的著名比喻。对于科学，数学之所以被高斯认为这么重要，原因之一是因为科学的背后实在都有数学的支撑。笛卡儿也认识到了这一点，他说："数学是知识的工具，亦是其他知识工具的源泉。所有研究顺序和度量的科学均和数学有关。"

9

被誉为现代科学的奠基人的英国哲学家培根说："数学是打开科学大门的钥匙。"事实上，在数学没有取得决定性的成就之前，科技的发展是缓慢的，人类的科学发展到今天，创造了古人做梦也想不到的奇迹，而数学正是科学发展的翅膀。不仅是翅膀，其实数学还是渗透在科学肌体里的骨架和血脉。可以说，没有数学的支撑，现代科技的发展是不可想象的。

科技的发展存在着数学化的倾向，很多科学家同时也是数学家，如著名的科学家牛顿，既是著名的牛顿力学三定律的发现者，又是微积分的开创者之一，微积分方法的形成就是因为他的物理学研究需要数学的方法和技巧。伽利略曾深有感触地说："自然界的书是用数学的语言写成的。"拿物理学来说，物理学要前进需要两个车轮，一个是观察和实验，一个就是数学，数学是科学研究的必备工具。在现代科学研究中，更是离不开数学，这种数学化的倾向更强烈。生物学应该是和数学关系不是特别紧密的学科，但是现在正是在生物学领域，用数学方法取得了很多激动人心的进展。

为什么数学对于科学那么重要呢？因为数学为科学事实的分析和推理提供了理论和方法。20世纪伟大的德国数学家赫尔曼·外尔说："事实，只认为是事实，没有太大的用处。因其数量之多与显而易见的支离破碎，使人手足无措。但是，把他们融合成理论，并使之协调，那么情况就不同了。理论是事实的本质，没有理论，科学知识将只是一处疯人院。数学是无穷的科学。"

第四节 数学的语言和逻辑

数学家罗素说："数学是符号加逻辑。"数学文献是由数学语言写成的，数学的语句在意义上是精确的，数学的表达方式是由符合逻辑的推理支撑的，数学的结论是符合逻辑的。数学的这些特点，具有难以估量的价值，哲学家马赫说得好："也许听起来奇怪，数学的力量在于它规避了一切不必要的思考和它惊人地节省了脑力劳动。"

数学符号

数学的一个重要特点是它的符号，数学的公式和定理，数学的推导过程，除了一部分常见的简单词语外，剩下的就是符号了。不懂得数学符号的人，就是这一领域的文盲了。中国传统上有画符驱鬼的神秘说法，画的"符"谁也不知是什么意思，数学符号看起来更复杂，却有其特定的含义，一点也不神秘。

数学不追求深奥，数学所追求的是化复杂为简单，数学之所以理解起来有时候对有些人很难，或许是因为世界的结构太复杂，以及个人的智慧不够完善。数学家兼哲学家怀特海写道："这是一个可靠的规律，当数学或哲学著作的作者以模糊深奥的话写作时，他是在胡说八道。"数学符号的运用正是力求使数学看起来更简洁明了。

数学符号是数学语言的重要组成部分。为了表达的方便和简洁，数学在长期的发展过程中形成了一些符号，数学符号的用法是约定俗成的。引入一个符号，比如用 π 表示圆周率，它使圆周率的表达更有效率，使表达更清晰和易于理解。越来越多的人会接受 π 这个符号，π 就成了表达圆周率的符号。

数学符号是一种特殊的专业术语，符号的使用使数学更加直观，使数学的表达富于美感，丰富了人的想象力，这使数学在一些人看来，带有一点神秘色彩。事实证明：这种方法对数学的发展产生了积极有效的影响。

结构好的语言有很多好处，符号体现了数学语言的简洁性和美感，它简化的记法常常是深奥理论的源泉。符号组成的数学的公式和定理给人一种美的感觉，更激发人的灵感，因此符号表达也是数学发展的动力之一。没有符号，数学就难以进步，也不可能取得现在这样的成就。

对学习数学的人来说，熟悉符号的用法是需要一个过程的。当我们使用符号时，符号必须为他人所理解，不必去创造新的符号体系或去改变旧的一套符号。对符号不负责任的改动会制造很多麻烦。

数学的语言特点

数学本身几乎完全围绕抽象概念和它们的相互关系，几乎完全是靠推理和计算，而不是像其他学科一样还要进行观察和实验。为了精确地表达数学内容，数学在发展中形成了自己的有效的数学语言。

人们在日常生活中使用的语言常常是不够精确的，但是数学对概念的要求非常精确，在数学上为了研究的方便，也借用了很多日常语言的词汇，但是对这些词汇的意义做出了定义和规范，使每一个词都有确定的意思，因此数学的语言是精确的，不像一般日常语言那样经常会产生歧义。因此，如果你不得不创造一些新名词，那么你至少要首先弄清楚它们没有用来表示其他的不同意思。

读过中国古代数学文献的比如《九章算术》的人可能会有这样的感觉，就是理解起来很困难，并且在表达上要复杂一些，另外这种表达形式还通过语言更深刻地影响人的思维，看来中国古代数学的发展，在一定程度上是受制于没有形成一种更合适的语言。

数学语言使数学的表达更清晰，节省了人理解的时间和力量，由于人的思维有时候是以语言为媒介的，数学语言的使用另外一个方面也简化了人的思维，使数学思维更有效率。

现在是计算机时代，计算机的编程语言也要求是有精确含义的。计算机的各种软件，都是用程序语言编写的，这种程序语言可以说是一种数学语言。数学的语言特征深刻地影响了计算机程序语言的发展。

数学语言的使用为数学的表达、交流和积累提供了方便，数学语言的使用也为科学知识的发展树立了典范，即在语言上应该是简洁的，有确切含义的。

数学的语言是简单的，数学难在它的推理。数学的推理难在人的推理能力，而不是难在数学的语言。掌握了它独有的语言，数学就是看得见摸得着的。通过数学的学习，就能潜移默化地学到数学的表达方法，养成一种有效的、简洁的表达风格，形成一种好的表达习惯。

数学是逻辑思想的诗篇

人类世界是一个大舞台，人类的思维也是百花齐放、百家争鸣，在思想的领域是"江山代有才人出"，各种思潮"你方唱罢我登场"，经常有一些理论和观点因站不住脚而被竞争出局。但是数学却没有对手，逻辑的对立站着另一个它自身。

数学拥有概念化的组织结构、公理化的逻辑方法，这在数学发展中很有成效，而且人们在这里得到最确实的知识，因此它和别的学科相比，都是最确定、最明白、最显然的。爱因斯坦感受到了数学的美和力量，他这样赞美数学："纯粹数学，就其本质而言，是逻辑思想的诗篇。"

数学之所以拥有这样的特殊性，原因在于数学有着自己认识事物的方式——逻辑论证。逻辑论证使人的思维避免混乱，避免似是而非，使人能揭示事物的本质和规律。以平面几何为例，平面几何学除了定义和公理之外，没有其他逻辑上的基础，除了演绎以外，没有其他证明过程，但就在这一过程中，已建立了令人惊叹的几何学体系，推导出众多无可置疑的定理和结论，这一过程使人对平面图形的认识达到了一个全新的认识高度。康德说："数学科学呈现出一个最辉煌的例子，表明不用借助实验，纯粹的推理能成功地扩大人们的认知领域。"

数学展示了事物之间的联系，但是如果没有作为人的理性能力的逻辑智慧，人就无法认识这种联系。平面几何是古代数学家创立的，而现代数学在更广阔的领域取得了突飞猛进的进展，可以说在人类的理性方面，数学走得最远。

但演绎并不是数学的逻辑的全部，在我们所看到的完美的数学推导的背后，还有数学家的其他思维方式在起作用。在提出数学问题和解决数学问题方面，归纳和其他思维手段，也是重要的，数学家拉普拉斯说："在数学中，我们发现真理的主要工具是归纳和演绎。"

数学真理体系的建立是一项创造性的工作，除了逻辑的演绎以外，还需要有敏锐的直觉，善于归纳和敢于猜测，还需要付出持久的努力。数学家哈尔莫斯说："数学的创作绝不是单靠推论可以得到的，首先通常是一些模糊的猜测，揣摩着可能的推广，接着下了并没有十分有把握的结论。然后整理想法，直到看出事实的端倪，往往还要费好大的劲儿，才能将一切付诸逻辑式的证明。这一过程并不是一蹴而就的，要经过许多失败、挫折，一再地猜测、揣摩，在试探中白花掉几个月的时间是常有的。"

第五节 数学的无穷魅力

菲尔兹奖获得者著名华裔数学家丘成桐认为，中国文化倡导的"真善美"与数学追求的"真善美"不谋而合，这是数学的魅力！

数学之美

在学习数学、阅读数学、思考数学时，人能感到数学之美，美感来自于心灵的感觉，因为人们是通过语言来接触数学的，数学的美和数学语言有很大关系，比如数学的公式，有一种对称之美、和谐之美，或许正是这种数学之美，使很多数学工作者对之情有独钟，并选择数学或与数学有密切关系的行业作为自己的终身职业。

数学的美在于简洁，并且寓复杂于简单之中，简简单单一个公式，似乎包含了无穷无尽的内容。比如，爱因斯坦质能方程表述为数学形式就是：$E=mc^2$，其中 E 为能量，m 为物质的质量，c 则是光速。这小小的一个公式却带来了科学技术和思想观念的一次革命性的进展。在常识上，质量和能量的关系超出了我们人类的生活经验，不是显然的，不是从人的直觉能够直接得到的，但是爱因斯坦从大胆的猜想开始，借助于数学的推理，竟然能得出这样惊人的结论，而这一结论又有这样完美简洁的表达！

数学的美也在于它以最简单迷人的形式，表达了世界的真相，有些科学家认为：大自然中所有的一切都可以用数学公式来描述。数学家用自己的语言来描述复杂的自然界。数学最吸引我的，是以新方法和新角度，解开自然的奥秘。

数学的美还体现在作为现代科学大厦的厚重、泰然的奠基之美、威力之美。数学的美还体现在应用上。具有悠久历史的数学是人类智慧的结晶，几乎是所有学科的基础。数学的力量是无穷的！

从事数学工作，还能感染到一种艺术工作一般的美感，在这方面数学家的话最有说服力。数学家库默说："一种奇特的美统治着数学王国，这种美不像艺术之美与自然之美那么相类似，但她深深地感染着人们的心灵，激起人们对她的欣赏，与艺术之美是十分相像的。"在克莱因看来，数学甚至比艺术更是一种艺术，他说："音乐能激发或抚慰情怀，绘画使人赏心悦目，诗歌能动人心弦，哲学使人获得智慧，科学可改善物质生活，但数学能给予以上的一切。"

看来数学是美的，而如何传播这种数学之美，如何让人切实感受到数学之美，如何让"数学之美"深入亿万人的心田，使数学学习者对这门学科充满兴趣，则是教育工作者和每一个家庭所应该关心的问题。

数学是一种艺术

从数学工作给人的感觉来说，数学还被一些数学家称为是一种艺术，在数学家看来，他的数学研究工作具有艺术的美感和乐趣。美国数学家哈尔莫斯说："数学是一种别具匠心的艺术。"

绘画是一种古老的艺术，在一般人看来数学和绘画应该是有天壤之别的。但是数学家未必这么看。数学家博歇曾将数学和绘画工作作了一次精彩的对比，他说："一般地说，我更想把数学视为是艺术，而不是科学。因为我们可以说，数学家的活动，当他受外部的理性世界所引导，而不是被控制时，不断地进行创造性的活动，与一个艺术家、一个画家的活动相类似，有着实在的，不是虚幻的相似点。数学家这一方面的严密演绎推理可以比喻为画家那一方面的绘画技巧。恰如没有一定技巧的人不能成为一位好画家一样，没有一定的精密推理能力的人不能成为一位好的数学家。但是，这些尽管是他们的基本特质，还不足以使一个画家或数学家名副其实，画图技巧与推理能力，说实在的，终究不是最重要的因素。远为敏感的，为二者都需要的主要的一类特质是想象力，它才能造就一名杰出的艺术家或杰出的数学家。"

数学和艺术是有很多共同之处的。在数学家哈代看来："数学家如画家或诗人一样，是款式的制造者……数学家的款式，如同画家或诗人的款式，必须是美的……世上没有丑陋数学的永久立身之地。"

音乐是人类的心灵之声，有不少数学家也是音乐的爱好者，有些数学家谈到数学和音乐相通的地方。西尔弗斯特说："难道不可以把音乐描绘成感觉的数学，而把数学描绘成理性的音乐吗？这样，音乐家感觉到数学，数学家想到音乐——音乐是梦想，数学是工作的一生——每一方都经由对方达到尽善尽美的境地。"

数学是创造性的艺术，在这一点上很多数学家们达成了共识，因为就像艺术家创造了艺术一样，数学家创造了美好的新概念。而数学家的生活、言行也和艺术家有相似之处。

第六节 神奇的数学家

一般人眼里的数学家似乎是和神秘文字打交道的人，具有奇特的大脑、非凡的智慧。了解一下数学家的工作有利于我们更深刻地理解什么是数学，以及数学对人的影响。

数学家为什么搞数学

我们来猜测一下数学家的生活，除了一般生活中的事物之外，他都在干些什么，想些什么呢？他怎么能够思考数学那样抽象的东西，如此枯燥，干巴巴的玩意儿怎么能作为一个工作来干？

首先，他想一辈子搞数学，这件事并没有什么特殊之处，成千上万的各种年龄的学校少年儿童都有这样的兴趣，数学有着思维的魔力，有着无限的可能性。有些数学家，特别是一些优秀的数学家，是一些沉迷于数学的人，数学的魅力在吸引着它们。养成一种兴趣需要时间和环境，当发现了数学的美时，便欲罢不能了。"我无法离开数学。我不知道，除了数学我还能做什么！""陈省身奖"获得者、纽约大学数学教授林芳华这样说。

一个人是否搞数学，和他生活的环境关系很大，社会文化的价值观和传统在潜移默化地影响着生活在其中的每一个人。一个有远见的国家会认识到数学的价值，会鼓励个人数学能力的发展，有适宜数学生长的土壤，数学的种子便会在一个人的心灵里发芽、生长。当然这个人还应该具有数学的天赋，拥有一些必备的数学方面的素质。

当然搞数学的最主要的原因之一还是能吃饱饭，数学是一种职业，数学家首先是一些有数学职业素养的人。大数学家陈省身有一段话发人深省："科学需要实验，但实验不能绝对精确。如有数学理论，则全靠推论，就完全正确了。这是科学不能离开数学的原因。许多科学的基本观念，往往需要数学观念来表示。所以数学家有饭吃了，但不能得诺贝尔奖，是自然的。"

数学家的工作

首先谈一下数学家的社会地位，一个数学家可能是一个大学教师，或者是研究所里研究人员，当然也有可能在一个企业或其他岗位上任职。他在某个数学分支里可能是专家，或许世界上只有很少人了解这方面的工作，他的几篇论文使他在这个圈子里可能很知名，但是世界上的人一般并不知道他，因为这是一个通俗文化大行其道的社会。

他的工作是自由的思考，他应该很自由，但是他有时候精神很紧张，因为他在证明一个定理，作为一个思考者它暂时忘了外面的世界。他难以找到问题的答案，他就很自然地在这种紧张状态下工作，这种执着的思考他已经习惯了，有时一个灵感产生了，他证明了某个定理，那么他就沉浸在成功的喜悦之中，并把他写成论文发表。或许他会解决一个著名的问题，那么随之而来的还有荣誉、奖金等等。但是大多数时候一个数学家很难取得真正伟大的成就。

一个数学家当然具有好的逻辑思维能力，但是仅仅是逻辑思维能力是不能做出创造性的发现的。在武侠小说里，一个人可以武功练得很高，但是如果这个高手没有一个好的目标，那么过高的武功很可能会给自己带来悲剧，反而不能像普通人一样活得自然潇洒。因此作为一个数学家即使有很高的智慧，他也不一定会在数学上取得伟大的成就，他还得善于把握使用自己的智慧，这或许是属于个性上的比较重要的东西，另外他的运气也很重要。

法国数学家庞加莱曾经说过："逻辑是证明的工具，直觉是发明的工具。逻辑可以告诉我们走这条路或那条路保证不遇见任何障碍，但是它不能告诉我们哪条道路能引导我们到达目的地。为此必须从远处瞭望目标，教导我们瞭望的本领的是直觉。没有直觉，数学家就会像这样一个作家，他只会按语法写诗，但是却毫无思想。"

其实在生活中也是这样的,一个人可以很有智慧,但是他不一定会取得很大的成功,因为他的个性的因素,他为自己把握方向的能力,他所在的客观环境都很重要,都在左右着他所能取得的成就。

数学对数学家的生活有影响吗

对于很多以数学为职业的人来说,可能生活就是生活,数学就是数学,二者相互协调,并没有很大的影响。但是由于数学思维的迁移效应,可能会使数学家的生活的某些片断带有数学思维的特色。先看一个故事:

物理学家、天文学家和数学家三人一起走在苏格兰高原上,碰巧看到一只黑色的羊。"啊,"天文学家说道,"原来苏格兰的羊是黑色的。""得了吧,仅凭一次观察你可不能这么说。"物理学家道,"你只能说那只黑色的羊是在苏格兰发现的。""也不对,"数学家道,"由这次观察你只能说:在这一时刻,这只羊,从我们观察的角度看过去,有一侧表面上是黑色的。"

这里数学家的看法是严密的,看问题是客观的、精细的,这种看问题的方式使他们对所关注的问题看得更正确、更透彻。有些伟大的数学家本身也是大哲学家,因为他们的视觉敏锐、思想深邃。像笛卡儿、帕斯卡、莱布尼兹、罗素、怀特海等等,都是数学家兼哲学家。

但是数学家的思维是否高明,有时取决于他所关注的问题,数学的思维如果对于过于复杂的事情来说,可能会使人的头脑更乱。就像一个计算机计算能力强,但是对于超出它的能力的计算来说,它就只能大智若愚了。比方说对社会生活中的问题,有时还是模糊一下好,凭直觉和经验来推理更好。这里讲一个广为流传的笑话。

有人问数学家一个问题:

"树上有 10 只鸟,开枪打死 1 只,还剩几只?"

数学家反问:"是无声手枪或别的无声的枪吗?"

"不是。"

"枪声有多大?"

"会震得耳朵疼。"

"那就是说有 80 ~ 100 分贝?"

"是。"

"在这个城市里打鸟犯不犯法?"

"不犯。"

"您确定那只鸟真的被打死啦?"

"确定。"提问的人已经不耐烦了,"拜托,你告诉我还剩几只就行了,OK?"

"OK,树上的鸟中有没有聋子?"

"没有。"

"有没有关在笼子里的?"

"没有。"

"边上还有没有其他的树,树上还有没有其他的鸟?"

"没有。"

"有没有残疾或饿得飞不动的鸟?"

"没有。"

"算不算还在肚子里和孵在鸟窝里的蛋?"

"不算。"

"打鸟的人眼有没有花? 保证是 10 只?"

"没有花,就 10 只。"

提问的人已经满脑门是汗,但数学家继续问:

"有没有傻得不怕死的?"

"都怕死。"

"会不会一枪打死两只?"

"不会。"

"所有的鸟都可以自由活动吗?"

"完全可以。"

"如果您的回答没有骗人,"数学家满怀信心地说,"打死的鸟要是挂在树上没有掉下来,那么就剩一只,如果掉下来,就一只不剩。"

提问的人当即晕倒!

怎么样? 这个数学家厉害吧,够严密吧,其实对生活中的有些问题过于认真的思考、钻牛角尖不必要的,不够精确没关系,但是我想这个数学家只是在给提问的人开开玩笑，他确实够高明的，能让提问题的人晕倒。

当然，数学家作为人类的一员，他在很多方面都是和其他人是没有区别的。不要认为他们在生活中也一定会是一个数学家。数学家并不总是严谨的，他们也会有时候吹吹牛，比如，伽利略曾说过这样的话："给我空间、时间及对数，我可以创造一个宇宙。"这话怎么看都只能是吹牛。

一个揶揄数学家的故事

由于数学家的生活具有神秘感，数学在一般人的眼里是晦涩艰深而又令人恐怖，因此对数学家的生活做出一些想象和编造也是人之常情。起码可以发泄一些小时候被数学老师刁难所压抑的愤怒。

这里讲一个揶揄数学家的故事：

有一名古怪的科学家扣押了他的同事，他们分别是工程师、物理学家、数学家，他把这三个人分别关在不同的房间里，并在房间里留下充足的不同种类的罐头，然而没有提供开启罐头的工具。这样关押了 1 年后，这名古怪的科学家来到了关押三名同事的房子。

首先，他来到了关押工程师的房间，可是工程师已不在房间。工程师利用房间内已有的东西制作了罐头起子，利用罐头盒和食物做成炸弹，逃出了房间。

然后，他去了关押物理学家的房间，看到物理学家用把罐头抛向墙壁的方法打开罐头，正在吃罐头。再仔细观察，发现物理学家正在通过计算把罐头抛向墙壁时最容易打开罐头的角度和速度，研究新的力学。

最后，他去了关押数学家的房间，看到数学家一个罐头都没有打开，已经饿死了。但是数学家已经解决了如何排列罐头能看起来舒服而且便于拿取的问题，还算出了罐头的体积、表面积等等。另外，他在证明下面的理论过程中死去。

定理：如果打不开罐头，我就会死去。

证明：如果我能打开任一罐头……

这个故事对数学家有揶揄之嫌，但并非全是空穴来风，因为特别是纯粹数学家由于过于迷恋纯粹的数学问题的思维方式，自然地会影响他们对实际问题的思维方式，甚至会看不到生活中的简单问题之所在。

这个故事当然是虚构的，但是也说明了当数学的思维方式运用于实际时容易发生的问题，告诉我们一方面要善于发现最重要的问题之所在，另一方面就是要行动，只是思考是解决不了问题的。不能因为考虑过于全面而忽视了生活本身。理性是重要的，但并非是生活的全部，它也远远不是大自然赋予人类的唯一力量，本能和直觉一直都是人类的一个重要侧面。正像在科学和理性的飞速发展和巨大成功的同时，哲学界还会出现非理性主义的思潮一样，人类的本能和直觉总是在潜在的发挥着它的力量。

第七节 数学来源于生活

数学当然是人的大脑的产物，是在人的经验基础上的理论模型，数学的发展动力除了人的数学思维和探索的乐趣之外，更重要的是人的各种各样的生活需要。人的生活经验只能从人的生活中来，所以，生活是数学的一个来源。

最初的数学源于生活需要

由于实际的需要，数学在古代就产生了。数学是怎样发展起来的？数学并非只是少数人想象出来的东西，数学以这样或那样的方式从人类的生活中走出来。

人类最古老的对数的使用技能大概和人的手指头有关系，英语里"digit"一词既指手指头也指数字，人们扳手指来计算数字的行为也不知是多少万年前就已经开始了。英语的"calculus"一词源于拉丁语，原意是"石"，在英语中既有计算的意思，也有结石（比如肾脏结石和胆囊结石）的意思。使用拉丁语的远古人类大概每狩猎一只动物，都拿块石头放在地上，以便后来计算自己的胜利果实的使用。

最早的数学应该产生于实际应用，出于计数和计量的实际需要，人们凭直觉得到量和形的概念，之后还有计算，找到计算的方法或简便的计算技能，比如乘法口诀、计算面积的方法，等等。这种技能作为经验和文化的一部分先是通过口头的方式传播，之后形成一种记录，这大概是最初的数学著作。数的掌握和计算对于人来说，是需要学习的，数学就在早期的社会文化中被传授，这是最初的数学教学，这种教学方式是生活技能的传授在方式上有些类似于游戏。

史前神秘的记账棒，制造生活住所和生活用具所使用的规、矩、准、绳等测量工具，为了把握天气的变化而制定的历法和对天文的观测、贸易、探险和作战用的地图，这些都有数学的因素，是数学形成的源头。

为了实际运用的需要，一个好的策略是学习和进行数学的练习，一些人将数学问题设计出来，这就能对数学中的实际运用进行模拟，有利于数学技能的传授，这大概是数学题的起源。

生活经验的价值

数学的研究对象是抽象的东西，布尔巴基学派称为"抽象结构"，这些抽象结构从哪儿来？概念、逻辑推理和计算，这些东西都是在生活经验的基础上在人的头脑中形成的。它们的形成是人脑的一种环境适应的过程，人具有形成概念的能力，概念和逻辑的形成需要生活环境。在正常的养育环境下，根据心理学的研究，人在一定的年龄阶段就会形成概念认识和概念运算（逻辑推理）能力，如果没有这种适宜的生活环境，人就不能形成这种概念能力，"狼孩"现象是一个例子，有兴趣的读者可以参阅以下这方面的资料。

"抽象结构"是从生活经验中得来的。对于数学观念形成起重要作用的是生活中的一些具有启发性的东西。语言的运用是对具体事物的抽象，有助于概念的形成；扳着手指对幼童重复说"1、2、3……"会一点一滴地积累儿童对数的经验；小孩玩沙土游戏有助于大脑中数量和图形概念的生长；做几道菜，品味以下其过程，其实挺复杂，里边有数量、顺序及进行安排的逻辑，对这些类似的家务活动的观察和实际操作会形成和丰富人的数学经验。人脑中的"抽象结构"就是在生活中通过各种生活经验一点一滴积累起来的。

或许后来孩子们走进课堂学数学，一种新的生活开始了。好的数学老师是重要的，但是一个优秀的教师是不能教会一个"狼孩"学数学的，人的生活经验中形成的"抽象结构"也会作为聪明与否的因素之一在成绩单中体现出来。另一方面，学校生活带来了新的生活经验：老师的讲授、课本、和同学们的讨论。

这些经验和他原来的经验相结合，使他大脑中的数学不断生长。

另外，人脑中的"抽象结构"的形成并不仅仅取决于生活经验，和人的天赋也是有关系的，也是有一定的年龄限制的。如果错过了这个关键的年龄阶段，则生活经验不能再有效地起作用。这方面的话题，在本书后边的部分还会探讨。

现代数学的来源

现代数学已发展成一个分支众多的庞大系统。数学方法的成熟，使人的数学研究的对象逐渐扩大，研究的内容抽象程度更高，但是追究其本质，人的所有数学思考其实都是发端于人的生活经验。

随着社会的发展，人的生活变得越来越丰富多彩，人们有越来越多的生活需求，这推动着人的生产的发展和新的观念的形成，实践的需要使新的数学模型变得有价值，生活实践对精确定量思维的共同要求，使数学方法运用到了更广阔的领域，也使数学的内容不断丰富。

例如，代数学的内容几经拓展，研究的仍是和量有关的东西，只是他探究的内容不再局限于一维的数量，而是在抽象的基础上更进一步的抽象，似乎离生活本身越来越远，但是最终仍不会超越生活经验的基础。现代代数学涵盖了二维的向量、函数曲线、多项式、矩阵、方程的解等等作为广义的量，成为广义的代数系统，并形成了群、环、域乃至线性空间、模等代数结构的概念，产生了抽象代数以及众多边缘学科和应用学科。

在几何领域，数学对欧氏空间的拓展，说明了欧氏几何是对中观世界即我们所面对的世界的描述，非欧几何是对宏观世界的描述，由鲁滨逊（Abraham Robinson）所创立的非标准分析则是对微观世界空间关系的探索，分形几何学，也可以说是对微观世界几何图形的探索。

对概念与概念之间的逻辑关系的研究，首先形成了集合的思想，产生了布尔代数，这是早期的数理逻辑。在开关电路、自动化和计算机领域有广泛的应用。对模糊概念和关系的研究，形成了模糊集合的概念，后来发展成模糊数学，这更贴近人类社会生活中的一般的思维特征，在此基础上形成的方法和技术，广泛应用于自动化、人工智能和信息检索等领域。时间感觉和对因果关系和可能性的感觉是人在生活中经常会有的经验。数学对时间关系方面研究先因后果的顺序特性，形成了概率论和数理统计，之后发展出包括博弈论、随机过程、排队论、随机微分方程、时间序列分析等分支学科，后来又形成混沌理论，这些成为工程技术、社会科学及研究天文、气象甚至艺术等有效的定量分析手段。

现代数学的发展主要决定于数学家的工作，数学的新的进展，更多的来源于数学家的数学学习和研究的经验，数学家的研究和生活中的需要相结合，推动了数学的发展，并且所有的数学研究似乎都能在生活实践中找到应用，因为生活经验毕竟是它们的源头，只是抽象的程度不同罢了。

第八节 数学是一种生存工具

说到数学，有些人会觉得，数学在生活中没有什么用的，似乎对我们的生活没有什么影响。并不是所有的人都是这样看的，著名的数学家张奠宙教授指出："数学不等于计算，也不等于逻辑……现代的数学是一种直接用于生活的技术。"

为什么要学习数学

在我国，人们从小学到大学一直在学习数学，数学课他们上了，数学题他们做了，但往往是为完成作业而做题，为考试而学习，虽然有时也有乐趣，但一般来说学习似乎成了一个不得不做、不可不做的事。除少数人将成为科技工作者或数学工作者外，许多人都无须直接用到稍深的数学知识，那么为什么要在学校中花那么多时间来学数学呢？

原因之一是，数学不仅仅是知识的汇集，是人类智慧和创造力的结晶，数学还可以成为人在现代社会中生存和发展的有力工具。这意味着数学可以培养人的更内在、更深刻的东西，这就是数学素质。正如美国数学教育界的文件《人人关心数学教育的未来》中指出的："从来没有像现在这样，美国人需要为生存而思考，从来没有像现在这样，他们需要数学式的思维。"

另一方面，数学还可以看成一个开放性的文化体系，具有深刻的文化价值。德国数学家赫尔曼·外尔说得好："数学是除了语言与音乐之外，人类心灵自由创造力的主要表达方式之一，而且数学是经由理论的建构成为了解宇宙万物的媒介。因此，数学必须保持为知识、技能与文化的主要构成要素，而知识与技能是得传授给下一代，文化则得传承给下一代的。"

数学是一把钥匙

数学是一把钥匙，理解这个我们所生存的世界需要数学这把钥匙，数学可以帮助人们更好地理解和认识人文科学、自然科学、人的所有创造和人类世界，更好地适应社会生活。

一位数学家说过："没有数学我们无法看透哲学的深度；没有哲学，人们也无法看透数学的深度；而若没有两者，人类就什么也看不透。"

人们应该认识这个社会和环境，而这个世界极大地受着数学的思维方式的影响。这个时代被称为科学时代、计算机时代、信息时代，它代表的是以数学为基础的科学和技术的发展。而数学越来越成为衡量理论成就的主要标准，成为科学的标志。人们必须了解相当程度的数学知识才能理解他们生活于其中的当代文明。一个人如果不能有一定的数学思维能力，那么这个人就可能变成这个他赖以生存的世界的局外人。

如果说语言反映和揭示了人类的心声，那么数学则反映了人对现实存在的结构的一种洞察力。数学是科学航行的指路明灯，学习数学使人有机会探索宇宙的奥秘。星球与地层、热与电、原子的运动、生物的遗传密码，等等，无不涉及数学真理。数学比一切魔法更魔力，数学集中并引导我们的精力、热情和探索精神去认识真理。正是数学才使人类的心灵有机会了解我们所生存的世界的奥秘，数学是以科学精神了解世界的大门钥匙，忽视数学必将影响对其他知识的深刻理解，因为科学的方法需要以数学为工具去掌握和发现。更为严重的是，忽视数学的人不能理解他自己的这一疏忽，最终将导致无法寻求任何补救的措施。因为数学的思维方式的形成是需要在一定的年龄阶段才能形成，错过这个重要阶段，则难以或不能获得这种重要的能力。

数学是一个"健心器材"

身体和心灵是人的两个面，健康和强壮是每一个人的需要，健身是追求高质量生活的现代人的时尚，商业社会发明了各种各样的健身工具：商店里琳琅满目的健身器材。但是有没有"健心器材"？有，像各种棋类、牌类、益智游戏，等等。但你可能未必注意到数学正是一种最完美的锤炼心灵的工具，只是它的操作难度更大一些。

刀不用就会生锈，人的脑子不用就不灵。数学是一种最能磨炼人的思维的学科，学习和研究数学堪称是一种神经系统的体育运动，有些人说数学是一种大脑的体操，这句话非常恰当地说明了数学的一个侧面，就像体操使人的机体更健美以及指挥机体的神经系统更完善一样，通过良好的数学训练，大脑将更加强健，更加生机勃勃，更加智慧聪明，将大脑的潜力发挥出来。

生命在于运动，数学正是一种全面的思想体育运动，而且它的这种作用是在不知不觉中潜在的发挥的。在学习、研究数学和解数学题的过程中，人的理解能力、归纳、演绎、想象力和创造力以及数学表达的语言思维能力等都得到发展和运用。

数学教给人一种思维方式，可以透过繁杂的现象，看到最本质的问题之所在，数学也需要直觉，可以锻炼人敏锐的直觉能力，有助于各种社会生活中的问题的解决。数学可以使人的思维更简洁、更有效，数学有一种精神是探索最好的解决问题的方法，这是思维的经济原则，可以说，思维的经济原则在数学中得到了最高的运用。除了促进人们有条理地思考之外，还使人学习到有效地进行表达和交流，提高迅速地获取、筛选和处理各种信息的能力。

数学学习和研究的经验还有助于完善人的个性品质。通过数学学习可以发展人的主动性、责任感和自信心，丰富人的精神世界，培养人的科学态度和勇于探索的创新精神。数学的学习对人的智慧具有挑战性的，数学理解上的困难和较高难度的数学问题也能激发人的勇气、培养人的意志品质，以及形成对待困难的正确态度，比如正视自己、善于调整自己、改变思维方式，等等，问题的解决又可增加人的解决问题的经验，增强人的自信心。

据说在著名的美国西点军校，开设了许多高深的数学课程，其目的并不在于实践中要用到这些数学知识，而是让学员接受严格的数学训练，来完善其个性品质，养成一种坚定不移而又客观公正的品格，形成一种严谨而又精确的思维习惯，以便在未来的军事行动中，把特殊的能力与灵活的快速反应紧密结合起来，提高把握军事行动的能力和适应性。

数学是一种生存工具

数学从古时候开始都是为了人的生活需要，一直被作为解决实际问题的工具使用的。只是这种工具和其他工具不同，它不是有形的工具，而是一种智力的工具，这种工具的贮存地点不是在一个什么仓库，而是记录在什么地方，或就是贮存在人的头脑里。

这个时代是一个科学的时代、信息技术的时代，可以说各门自然科学和应用技术都频繁地求助于它。天才的物理学家狄拉克说："数学是一项工具，特别适合于处理任何一类抽象概念，而且，它在这方面的作用是无止境的。因此，一本论述新物理学的书，如果不是单纯地描述实验工作的，其本质上必定是一本数学书。"现代社会需要科技，很多人具有投身科学技术的职业理想，那么就必须首先掌握数学这个工具。

在人文、社会科学的研究领域，也存在着越来越多的使用数学方法的倾向，在经济学方面使用数学取得了丰富的成果，以至于研究经济学不能够不具有数学的知识，已经快要成为学术界的共识了。对于研究工作来说，一个人的数学素养越来越重要了。

但在对数学和生活的关系上，大多数人似乎保持着一致的看法，即认为数学对我们的生活没有什么影响。是的，在大多数时候生活中我们并不使用数学，但是一个人理解数学和把握数学方法的能力却和一个人的生活品质有着特殊紧密的关系。

生活中的数学不仅有计算还有推理，很多人认为在生活中和数量与图形打交道，这些才是数学，这是错误的，因为现代的数学已经不局限于数量和图形，包括各种各样的抽象内容，数学还是推理，是归类和辨别，是想象力，是对未来的预测，是巧妙的安排和运筹，是和思维有关的任何东西，现代数学也越来越包容了生活中的各种思维模式，各种抽象概念，只要是需要概念运算的地方就有数学。那么算账是数学，生活中的推理，打麻将中的思维和算牌，下围棋

27

的算目，下象棋的策略和计算步数，企业管理方面的一次关于如何安排的思考难道不是数学吗？生活问题的解决思维，包括对问题的理解，对问题的抽象和思考，都可以引用和借鉴数学的方法，使数学在生活中发挥其应有的价值。

数学的发展很多时候超前于它的应用，当然在生活的应用方面还没有形成系统的应用数学，或许这正给有心人提供了在生活中应用数学的空间。这里再次重申一下张奠宙教授的话："现代的数学是一种直接用于生活的技术。"

第 **2** 章

生活中处处有数学

数学名家华罗庚先生说过："宇宙之大，粒子之微，火箭之速，化工之巧，地球之变，生物之谜，日用之繁，无处不用数学。"但是在我们的日常生活中，我们除了买卖东西之外却经常看不到数学的影子，似乎只是在非常偶然的情况下，才会使用一下数学。其实"生活中处处有数学"，这是目前数学界比较普遍的说法。或许因为数学在生活中司空见惯，才使数学溜出了我们的视线，为我们大多数人所忽略了。让我们在日常生活中找找数学，并看看数学的应用价值。

第一节 生活中的数和形

数学，很多人把它看成是研究数和形的科学，这种看法有道理，但原始了一些，不足以表达现代数学的丰富内涵，但是数量和图形毕竟是数学研究的重要部分。那么让我们先在日常生活中找找数和形。

生活中的图形和几何学

人类认识世界是从感觉开始的，视觉形象是感觉的重要部分。通过视觉感觉，人的大脑才得到关于现实世界的形的概念。视觉形象可以是人的脸和人的形体，可以是人们在生活中看到的动物的形态，可以是物体的形状，形联系着人对美丑的感觉，对审美的感觉。人们对形状的认识是一种轮廓的描绘，在人类对世界的图像认识的基础上，正方形、长方形、圆、圆柱、圆锥、正方体、棱柱、球等形的概念在人的大脑中逐渐形成。

为什么只有人类在严格意义上会画图形呢？画图代表的是人类对图形的记忆和想象，是一种抽象能力，这样它才会脱离事物的原来形象，便于我们进行更为简洁而"孤立"的研究，从而有机会更好地认识它。古代民族都具有形的简单概念，并往往以图画来表示，工具的制作与测量的要求促成了图形作为研究对象，这大概是几何学的一个源头。规矩以作圆方，中国古代夏禹治水时已有规、矩、准、绳等测量工具。

严格意义上的几何学是从欧几里得的《几何原本》开始的，现在的几何学则已发展成拥有众多分支的学科。欧氏几何学是在几个基本的几何概念的基础上，通过有限的几个公理形成的体系。欧氏几何正是现代数学方法的最重要的源头。

几何概念正是从生活中来的.具有一个抽象和理想化的特点。比如说"平面"是一个不定义的基本概念，平静的水面，玻璃面……是对它的一个现实模型的描述，平面的性质是通过公理来确定的。例如几何公理1："如果一条直线上有两个点在一个平面内，那么这条直线上的所有点都在这个平面内。"看似枯燥抽象，但在生活中有着大量的应用。观察周围的生活，如果玻璃板是新的，将直尺在玻璃板上竖起左右推动，则尺边和玻璃板面无空隙，不透亮点。但如果另一块玻璃有一个凹坑，用这种方法推动直尺时，则有空隙和透亮点，说明这块玻璃板已经不平了，即"直线上的所有点都在这个平面内"不成立了。公理1反映了平面特有的性质，如果是球面．用一根棒穿过去，只有两个交点，直线上其他点均不在球面上，说明球面不具有平面的公理1的特性。因此几何教给我们许多更深刻的了解世界的知识，在生活中做一个有心人，就可以看到生活和几何的关系，并善于运用几何的有关知识。

生活中还经常看到变化的图形，如太阳照射下物体的影子、汽车车轮的转动、钟表指针的转动及生活中揉面时图形的变化等等。丰富的色彩模型、生活中的一些漂亮图案，往往都是经过一些基本的图形旋转或变化得到的，射影几何、拓扑学研究的对象正是和图形的运动有关。联系生活实际的数学是活的数学，世界变化无穷，通过数学却可以研究其变化的规律，并在生活中应用它。和生活结合，可以感到世界之美和几何之美，在美的熏陶中，可以感到几何学的妙不可言，在生活中应用广泛。

人的数量观念

在数学课堂上人最先接触到的是数的概念，其实儿童们在入学之前，就已经与数学打了好多交道。数学对人最初的启蒙也是从数开始，再延伸到量的。

数量是生活中最常见的数学。人们所见到的、所感觉到的一切都可以用数量来计量，数与形是世上万事万物的共同属性。长度、面积、体积、时间、重量、质量等等都是可以度量的，可以用数来描述的。学习数学时，联系到生活实际，抽象的数学就具体化了，会为数学学习增添乐趣。

测定和用数字表达量度的能力使人能以数值观念去思考事物和理解诸如重量、空间和时间等概念。对这些概念的理解在生活中和数学上都是非常重要的，比如人们对时间是以线性的和均匀的方式移动这一概念的理解。当人们能够定量地考察物体和事件时，不仅能获得定性的知识，使人们对事物的认识更加精确，辨别更加清楚，还能获得对事物以及事物之间的关系的新的理解。数学也是使人在生活中的认识更深刻更精细的学问。以研究量为基础则形成了拥有众多分支的代数学。

最普通的、最常见的数正是数学最初的起源，数量的观念也是数学方面很多研究内容的基础，并且形成了专门研究数的数学分支——"数论"，数论是数学里边最令人感兴趣的、最迷人的学科，数学家高斯说过："数论是数学的女王，而哥德巴赫猜想是数学皇冠上的明珠。"我国著名数学家陈景润正是在数论方面的著名问题"哥德巴赫猜想"上取得了重要的进展，而在数学界享有盛名，并在我国家喻户晓的。

生活中的计算

可以说人经常在和计算打交道，关于时间的安排，吃东西的营养和量，居住的房屋中，自己拥有的居住面积和属于自己的活动面积是多少，可能意味着是自己的校园，或者是自己的楼房小天地的面积，洗脸和刷牙时的次数和时间，生活中接触到的所有现实的东西都是有形状和可用数量来计算的。衣服也有几何和计算问题，对图形关系缺乏理解，就不能做一个好的服装设计师，但是这里上很多次数学课，取得很好的数学成绩未必有什么大用处，关键是一种实践的能力，在实践中学到的数学知识、活的数学知识很重要，当然还需要这种职业的训练所形成的美的观念。令人惊讶的是美也和数量有关系，大家都知道黄金分割。

生活中的数学问题大抵跑不出数和形的范围，生活中也认为这才是数学，数学在生活中的应用在数和形方面也是最令人信服的。很多人认为数学并无多大用，是因为会了反而忽视了其价值。

在现代社会中，计算也是一个公民应具有的最基本的素养：会算账，会买东西，会对付简单的数学问题，商业社会中的人都要和数学打交道。数学在教人数数方面以及算账方面还是卓有成效的。在对付图形方面其实不太经常用，主要就是计算一下长度、面积和体积，和如何安排自己的房屋、家具等。而生活中的几方水，几度电等都已经有水表和电表来代替人进行操作了，这些表是比人更忠实的数学专家。

生活中有基本的数学需要，人们最需要的数学大概和财产的计算有关，比如数一下钞票、丈量土地、计算和计划自己的收入和花销，所使用的主要是加减乘除。其实在生活中很多人都是善于计算和计量的，在教育普及之前，一些人可能不一定受过学校的数学教育，但是它们善于精确地解决生活中经常会用到的计算问题，堪称民间的数学家，就像一个医生一样，会受到社会成员的尊重。

算术是最简单、最基本的数学，观察一下卖菜的人，他们计算之神速真是让人叹为观止。他们这种数学能力大概很大程度上不是在课堂上学到的，因为学校师生也未必有他们算得这么快。这说明应用是一个好的老师，职业训练能有效地提高人的数学能力。事实上，人的大脑也是越用越灵，应用不仅推动着数学的发展，还推动着人的数学能力的发展。所以不要轻视生活中的计算，而且要养成尽量不借助计算器，自己亲自计算的习惯，因为计算不仅很实用，它也能锻炼人脑的灵活性。

一个人也可以不通过学校学习，学到在生活中所需要的很多数学知识，因为实用的数学一直作为一个有效的生存工具在民间文化中传承。民间的数学虽然很有用，但是较为粗糙，不够专业，所以专门的学校的数学学习是很重要的。对于生活中的人们来说，没有去使用的数学是死的数学，所以一定要使学到的数学和实际结合起来。

生活中的数据和处理技术

人们面对的数量关系，是从数据开始的。生活中感觉到的各种信息也可以看成是一系列的数据，大数学家希尔伯特说过："算术符号是文字化的图形，而几何图形则是图像化的公式；没有一个数学家能缺少这种图像化的公式。"解析几何的方法使关于形的研究可以转换成对数量的研究，反过来说，数量的东西，也可以转换成形的东西。

随着数学的发展，数已经不是仅仅表示各种生活中的数量了，数可以用来表示事物的各种现象特征，人的语言也按照一定的方法可以表示成有规律的数字，另一个例子是图像处理技术，一切图像都可以用一定的数学方法，把他们表示成数字，还可以再从数字还原成图形，这使我们的感觉世界数字化了，从而开始了一个全新的以用计算机进行数据处理的为基础的信息时代。

数学家的很多研究工作可以看成是对数据的思考。代数学中的一元函数，实际上是一个两行的数据表格的表示；二元函数实际上是对一个 n 行 m 列数据表格的表示。多元函数研究的则是更复杂的数据结构。数理统计，是从数据中发现其统计规律的数学方法。概率，是基于得到的数据来预测未来的数据的学科。有数学素养的专业人士可以从人口数据看到指数函数，从潮汐涨落看到三角函数。

应当学会面对现实数据，观察具体的数据，掌握进行"数据分析"和"数据处理"的基本能力，从而体察数据变化的趋势。现实生活中人的直觉能力有时候是有限的，不准确的。那就只有对决策进行逻辑论证，进行一次证券投资，或进行一次人生的选择，等等都需要这种论证，而在逻辑论证之前，人们首先要把现实世界转变为数学模式。如果说，现代人已深深认识到了数量化的好处的话，那么，各种管理和科研工作中的数量化，正是数学模型力量的最生动的表现。现代社会尤其需要各种数学方面的能力。

为了解决烦琐的计算问题，一些人致力于计算器具的发明，除了中国的珠算以外，1649 年，法国人帕斯卡制成帕斯卡计算器，它是近代计算机的先驱。1946 年，美国莫尔电子工程学校和宾夕法尼亚大学试制成功第一台电子计算机 ENIAC。1948 年，数学家维纳的控制论和香农的信息论标志着数学进入信息时代。过去人们只把数学和力学连在一起。到了 20 世纪下半叶，信息、编码、通信、密码等一系列概念的数学化，反馈、滤波、预测、控制等一连串的数学技术，打开了一个新的数学世界。

数学和计算机技术的结合，使人的生活和各行各业有可能使用计算机技术的成果，这使人的数学能力又派上了大用场，因为不掌握数学方面的有关技术，就不能对现实世界作数学模式化的处理，就无法进入计算机，也就不能开现代数据处理方法的大门。

第二节 厨房里的数学奥秘

这里说的是厨房里的事情和数学也有关系。不是做饭的人未必知道做饭的复杂性，不能知道里面的智慧。当然，仅仅是做饭，做熟并不难，难的是照顾到所有人的需要和口味，做得恰到好处。

往厨房里边看数学

做饭的一系列行为里边也会经常有思考，对于已经可以熟练地做的一道菜来说，一系列工序，都已经习以为常，可能用不着思考，但是思考是这种习惯的源泉。厨房家家都有，我们不难看到最普通的厨房里既有简单的数学，又有复杂的数学。我们且把做饭的过程分开来看看和数学有关的内容。

做菜的时候当然要用原料，放多少才最合适。还有，做饭是有时间限制的，火候的把握也需要时间观念，和对时间概念的理解。原料的数量、用料的比例、时间的概念等等这些厨房中会用到的概念，同时也是数学中的概念。看来厨房正是展示数学概念的好场地。让孩子在厨房中参与一下，是有助于丰富他的体验和形成数学方面的概念的。

食物原料有很多类，按营养价值的不同，可以分成肉食类、蔬菜、水果等。它们还可以按味道、颜色或大小分类，比较讲究的厨师，还会将颜色和形状进行搭配，做出非常好看的菜来。按照类型摆碗筷时，要进行计数和分类。对事物的归类，是学习数学时必须掌握的非常有用的技能。

切割食物的数学问题

厨房里的武器有刀和垫板，这些是用来加工的用具，切的过程要考虑切成什么形状和大小。比方说，切蛋糕的时候，要根据人数切，每人一份或更多如何分配，根据人的食量分切，或三角形，或方形等。这里边有几何和代数的基本概念。关于切割问题，伟大的数学家希尔伯特曾经进行过深入研究，并证明了切割几何图形中的许多重要定理。

像"一尺之棰，日取其半，万世无竭"大概是一种对无穷概念的较早的理解和表述，当然这种想象力用来想象可以，用在厨房中可能就没有什么价值。这句话是对切割的思考，切割的思维方式是在中国古代数学中应用的非常娴熟的技巧，著名的数学家刘徽正是以"刘徽割圆术"而青史留名的。祖冲之正是基于对刘徽割圆术的继承与发展，才能算出的圆周率 π 的 8 位可靠数字的，这个数字以其精密程度保持世界纪录 900 多年，以至于有数学史家提议将这一结果命名为"祖率"。

这里有一个切割的问题，有兴趣的读者可以考虑一下。

切饼的时候，不知道你是否知道这个事实，每个饼不论什么形状，都可以用互相垂直的两刀切成相等的四块。这可以看成一个定理：

对于每一平面图形，都可以做两条互相垂直的直线，将这个图形四等分。证明这个定理。

做饭问题

不管你是做一顿家常便饭，还是做一次大餐，用最快的时间做出一桌菜还是一个运筹学问题。做饭是在各种原料的基础上，通过一系列感觉、思维和动作而完成的操作。

为了做好一顿饭，这里最终的标准有五个：一是合乎人的口味；二是做出的各种食物的量符合某种标准；三是要符合节约和营养的原则；四是要合理地安排每一道工序达到最高的效率，用最快的速度做好饭；五是能让人在合适的时间吃上饭。

等着吃饭并不难，可是隔着门缝看一看作饭的过程，可以发现挺复杂的。做饭的程序里有几个方面要把握好，一个方面照顾不到，就会影响到吃饭的效果。包括：根据口味和吃饭的人需要合理的分配原料的量，对原料进行加工，准备各种炊具和餐具，添加各种原料的顺序和量的掌握，以及做饭时火候的把握，和该出锅时得果断出锅，别烧焦了；食物的分配，分成几个碟子几个碗的盛放。

做饭的问题是：已知有几口人要吃饭，和一些原料，如何安排以上的所有工序，使做出的饭菜符合以上的标准？

问题的讨论：一方面很多已知条件都是模糊的，而做饭的时候，考虑到必须让人吃下去，则不能太模糊，你得做出估计。一般的说，数学是精确的，而生活中的问题一般都是模糊的，已知条件甚至也是模糊的，对结果的要求也是模糊的。另一方面需要考虑的限制条件也多到令人头大了。但是这毕竟是一个运筹学的问题，当然这个问题看起来太复杂了。

你或许会等不及了，说："好家伙，太复杂了，比哥德巴赫猜想复杂多了，那么等考虑好这些问题，这饭也不用吃了，因为人都已经饿晕了。"数学的方法之一是：将繁难的事情化简，从复杂中抽象出最简单的模型来考虑，得出对实际工作具有启发性的结论。

煮一锅大米稀饭

我们只考虑一下最简单的做饭，煮一锅大米稀饭的操作过程。

已知条件：人数一定，餐具足够用；对稀饭的要求一定，即煮饭用的大米的量和水的量以及煮饭的火候掌握都一定。

问题：如何用最快的速度，将这锅稀饭做出来并分配给每一个人？

讨论：这主要是一个每一个步骤的时间安排问题，一般人不一定知道这个问题是一个运筹学问题，但这个问题其实每一个煮过稀饭的人都面对过，有些人很善于安排这一类的事，这种思维能力说明了他在数学方面的某种智慧，当然这个人可能没有在课堂上学过数学，他是在生活之中，加上自己的思索训练出的这种和数学有关的能力。有些人则不那么善于安排，在做饭中要花费更多的时间，他在这方面的能力是需要提高的。这种能力在做其他事情的效率方面甚至有可能起到关键性的作用，影响到一个人的职业和事业发展。

解答：答案很简单，也未必是唯一的。要理解到问题的症结之所在，即做饭的时间一定。先在锅中添上适量水；在烧开水的同时，淘米、准备餐具；水开了，再添上大米；等煮好米饭了，再分配给每一个人。

在厨房里边比较数学和实践

当然做饭远远不仅仅是数学问题，还有一个动手能力问题，做饭时的直观感觉是在自然感觉和失败的基础上一点点修正、提高的结果；做饭中的具体动作是通过学习、模仿，或许还有自己的思考和摸索练习形成的。

很多大师傅没有学好数学，不是也能做一手拿手的饭菜吗？这不奇怪，这门手艺从学习上来说和数学的课堂学习关系不大，烹饪专业的学生，数学也不必是必修课，一个数学家也未必会做一手好菜。但是一个烹饪大师，应该是具有某种数学上的天赋能力的。

在生活中做的是否正确，逻辑不是唯一的标准，还有另一个更重要的标准是感觉和实践效果。人们从实践中发现问题，再回过头来，在行为中找到原因，再尝试一种新的行为。比如这次做的菜咸了，下一次就少放一点盐，这样不断地调整，逐渐就达到了一个好的效果；还有一个办法是学习，人家怎么做，我观察和向别人请教，不用过多地思考，只是模仿和照做就行了。

换一个角度来说，做饭的程序即使规划得很好，但是自己不去或不能付诸实施，也不能说服别人去这么做，当然也未必有什么用的。从这儿也可以看出一点数学的局限性，就是，要想使数学是有用的，还必须是聪明的脑袋和实际的应用能力结合起来，才能发挥最大的作用，数学学得再好，如果不能善于运用，那只是类似于游戏，最多只是纸上谈兵。

第三节 洗衣服的数学问题

人在最开始洗衣服的时候，是有一个思考和学习过程的。有两种方式，一种是向他人观察和学习；另一种是自己探索，设计一种方法，并试一试，逐渐会找到一种正确的方法。设计是要思维的，或许对数学问题的解决能力用得上。我们尝试一下从数学上来考察洗衣服问题。

简化的洗衣服问题

问题：假设衣服已用了洗涤剂，并揉搓得很充分了，再拧一拧，当然不可能把水拧干，设衣服上还残留含有污物的水 1 公斤，用 20 公斤清水来漂洗，最多只能洗两次，问题是怎样才能漂洗得更干净？直觉上似乎是一般把水桶里的水平均分成两部分来洗最好。我们看一下这个直觉是否可靠。

分析：如果把衣服一下放到这 20 公斤清水中，那么连同衣服上那 1 公斤水，一共 21 公斤水，拧"干"后，衣服上还有 1 公斤水，所以污物残存量是原来的 1/21。

如果我们把 20 公斤水分两次用，比如，第一次用 5 公斤，可使污物减少到 1/6，再用 15 公斤水，污物又减少到 1/6 和 1/16，即 1/96，分两次漂洗，效果好多了。

同样分两次漂洗，也可以每次用 10 公斤水，每次都使污物减少到原有的 1/11，两次漂洗后，污物减少到原来的 1/121，这个效果是不是最好呢？这个问题可以转换成一个求函数最大值的问题来解决。

解：这桶水分成两部分，设其中一部分是 x，则另一部分为 20 − x，其中 x 小于 20。

两次洗涤后的污物残留为 $f(x) = 1/(x+1)(20-x+1)$，只需求 $f(x)$ 的最大值就行了。

这个问题可转换成求 $(x+1)(20-x+1)$ 的最大值，

$(x+1)(20-x+1) = -x^2 - 20x+21 = -(x-10)^2+21$，

可知，当 x=10 时，$f(x)$ 有最大值，

所以，所以把水桶里的水平均分洗涤效果最好。

但是数学是讲究精确的，上面这个解答只是一种接近现实的解答。事实上，生活中的洗衣服的问题，在数学上来远远要比这个问题复杂。

真实的洗衣服问题

让我们看看在生活中是如何洗衣服的，生活中真实的洗衣服的过程是一个习惯化的过程，似乎是完全凭感觉来判断的，要用眼睛看，根据观察的结果决定具体应该怎么做，其中的思考不太为我们注意，但也涉及数量问题的思考。

如果尝试将洗衣服当作数学问题来解决，那么要考虑的问题是：在综合考虑水、电和洗衣粉的用量等所带来的费用的情况下，如何最快的把衣服洗干净？为此要设计最佳的洗衣服的方式，其实是求解洗衣服次数、每次洗衣服的用水和洗衣粉的量。具体来说，为了得到解决问题的办法，还要考虑以下的细节问题：你要考虑水的价格、洗衣粉的价格，每一件衣服洗衣粉的合理用量是多少？这取决于这件衣服的肮脏程度，肮脏程度是未知的，要知道其肮脏程度要做试验，但做试验又要浪费洗衣粉；或许还要考虑衣服的珍贵程度等问题，高档服装是不能反复洗涤的，应该有一个次数限制，但是又不知道应限制多少次，你要考虑衣服的价值损失。

这是一个有解但是我们没有好的办法准确地求得其解的难题。生活太复杂，太多的只能凭感觉的不精确。虽然数学式的思维可以带来启示，但是关于如何洗衣服，还是应该凭感觉，凭经验或者是学习他人的经验，而不是用数学的方法来思考。在生活中人们处理实际问题时大部分也是这样做的。

洗衣服问题带来的启示

1. 生活中的问题很多是数学问题，生活中的问题有时很复杂，这使得转换成数学模式做准确的判断是非常繁难的。在生活中要发挥数学的价值，就得善于对生活中的复杂问题进行简化。

2. 对于复杂问题可以考虑简单的情形建立数学模型，得到答案，虽然是对实际问题的简化，但是很有启发性，可以使自己的判断能够更客观。

3. 在数学上看衣服似乎永远也洗不干净的，永远是要剩下一些污物，但是在生活中一般却是很容易就能感觉到洗干净了。说明数学思维应该和现实中人的直觉结合起来，才有利于得到有价值的判断。

4. 生活中最经常的是要靠直觉，但是直觉并不能总是保证人的行为是正确的，并且有时候人甚至会没有直觉，没有办法跟着感觉走，这就需要思维了。数学当然是准确的，数学思维的严谨性保证了正确性。当然也并不是在所有的时候都要运用数学的思维方式，要善于在该使用的时候使用它。

5. 生活中有另一种习惯化的思维和行为模式，洗衣服时根据自己的感觉，放入一定数量的洗衣粉，揉搓，再洗涤，不干净，再重复上述动作，直到感觉可以了。洗完了，就会得出结论，原来应该这么做，这里得出结论是靠对经验的总结，逻辑推理就不是最为优先的事了。

生活实践中，很多时候做事的程序都是这样形成的，但人要想追求最佳，求助于数学的思维方式，会使做事的步骤在细节上更为完美和有效。

第四节 住房装修的数学问题

人们都梦想拥有宽敞明亮的住房，营造一个温馨、舒适、美丽的家，但是花了钱，拿到了钥匙，一个麻烦事情也开始了，就是装修。装修住房是一个展现自己的经济实力、审美品位、生活格调的舞台，但是真正让人烦心的是，装修的设计还是一个需要太多计算的工作。其中的数学问题保证比所见过的任何数学问题都烦琐得多，所以，一次考验自己的计算能力和几何感觉的冲刺也开始了。装修需要一个合理的方案，那就首先自己试着当一回设计师，来设计一下你的新房。

装修中要考虑的问题

你得到的是一个属于自己的空间，凭窗而望，视野的增加会给自己一种爽的感觉。这时候你一定不会想到数学，但是视野的增加是可以进行量度的，当然多数情况你不会关心这个具体的量。进入实质问题，少不了要关注一下面积和住房高度问题，看看自己到底拥有了什么。你会带一把卷尺，来认真地丈量一下长、宽、高，然后进行一下计算（做数学题时你很少这么认真过），享受一下拥有的感觉。你这是在用数学的眼光来观察自己的财产，从另一方面说这还是一种数学实践。

你得好好布置这个空间，它将是你的生活环境。对周围的环境不满意，我们常常无能为力，但是对自己的住房，则有任意打扮它的权利。装修不仅仅是出于一种实用的需要，更多的时候是出于人的征服自然、改造环境的欲望，和一种追求美的精神，也是自己创造力、品位和经济实力的展示。有人说就像小孩子玩橡皮泥或者变戏法：你看我多能耐，能把橡皮泥变成现在这样好看又有用的模样。现在机会终于来了，你可以展开想象和创新的翅膀了。这对翅膀过去只是为别人，今天才开始有机会为自己的生活而运作。

如果装修已提上议事日程，你首先会考虑哪些问题？住房装修设计，兼具艺术的审美和数学的秩序。这个设计是一个大的工程，它包括：

1．根据自己的审美标准或者一时的灵感来想象，这儿应该是这样，那儿应该放一个什么东西，为此应该布置成什么样子，为了整体的效果和家庭成员的特殊喜好和特别需要，还要调整对每一个空间的具体想法，等等。

2．为了实现自己的想法，要研究每一个地方的形状、测量长度、计算面积或许还用得着计算体积。研究装修材料的种类和计算材料的用量。

3．材料的选择，这是一个市场调查或采购的工作，要在市场上了解有关价格和性能，计算花钱多少，是否符合自己的要求和自己的经济实力。最后经过各种比较确定自己对材料的选择。

4．考虑装修的具体步骤，这是一个安排和计划的问题。要求以最节省时间和符合经济原则的方式，运筹自己的资源，达到自己的装修目的。为此要制定预算和计划。当然很多具体的事务都可以请专业人员来做，就得付给人劳务费，签订书面或口头合同来具体实施你的计划。

在这个考虑问题的过程中，自己的经济状况始终是一个对自己的制约因素，你会经常地计算支出，将这种支出和自己的存款比较大小。当然，如果是费用还宽裕，连装修的设计都可以请人代做，只要提出要求就行了。现代城市的家庭装修，很多都请家装公司出场，大致过程是这样的：电话上门，共商大计，全家人都很兴奋地提出各种想法，阐述各自的审美标准，商量预算。公司的人非常好脾气地接受着一系列稀奇古怪的要求。方案敲定后，再具体到材料、规格、品质等细节，公司会给出些建议，业主可以说不。然后再针锋相对地谈合同，谈不好就换一家公司，谈好了就签合同。签订合同后，进入工序，银货两讫。工期敲定后，交出钥匙只等逐项验收签字。装修完毕，绝不会"为伊消得人憔悴"。这也说明数学是一个工具，你可以花钱借用这个工具；但是自己有这个工具的话却是有利于和家装公司的合同谈判，以及更好地监督家装公司履行合同的。

美观与点、线、面

在装修设计过程中，审美的感觉和数据的理智在和谐地发挥着它们的作用，各自在不同的方面做出自己的判断，在这里数学是完成装修艺术的非常实际的工具。如果说美后边有秘诀的话，它是用数学语言写成的，例如，黄金分割、美的图形等。

对居住空间的处理方式必须考虑点、线、面的重要作用。如果这三方面的关系处理好了，那空间布局和空间结构的设计就应该可以过关了。究竟，在装修设计中，点、线、面各自起到什么样的作用？三者之间的关系如何？

室内设计中首先要考虑的是面的处理。因为装修的空间可以看成是由面组成的，面处理好了，空间的设计才能做到位。平面布置要讲究色彩的搭配。大块的色彩搭配要分主、副色，使平面看上去有层次感，空间布局才得以实现。平面的装修最重要的是墙面的装饰和颜色的搭配。你可以在大色块的墙面中挂上一些色块画板，这样既简单又能够达到点缀和丰富墙面内容的效果。大色块的搭配也是现在年轻人比较喜欢的一种装修方式。

点可以起到点缀的作用，小点缀发挥大功效。点通过另外一种颜色去协调平面的颜色，别小看这一点，它是每个空间都离不开的。在大块面的色彩中适当运用一些点缀，可以增添平面的跳跃感。例如在大块的单色面上做一些摆设，墙面就不会显得单调，且有时能达得到一种意想不到的美感效果。

　　线是用来划分色块的，它使两者达到对比的效果。为了将面分成不同的面，用上不同的色彩区分，这时线就可以发挥它区分轮廓的作用了。曲线和不规则的线条还可以使生活空间带给人变化的感觉，令空间既不单调又不突然。

　　只有将点、线、面的色彩、形状和位置搭配得好，空间布置才能产生令人满意的效果。为了精确地实现美感效果，就必须将大脑中的安排设计，变成具体的面积、长度、角度、体积等具体数据，一般的都是通过图纸表现出来，才能最终将设计想法付诸实施。

装修涉及的数学形式

　　住房装修，接触到的数学问题很多，特别是需要得出数据和进行计算的东西很多，可以说是人在生活中利用数学的缩影。把装修中的问题当成一个大的数学问题来看好像很复杂，但是分开来看，所使用的数学都非常简单。装修用到的数学知识并不难掌握，计算一块地板砖的方法和计算一百亩地的方法没有什么大的区别。

　　房间的设计、具体图案的设计、具体设想的定位等都可以借助画图的方法，画图也是一种常用的几何技能。为了放置家具也要提前考虑和比较家具和空间的形状，这里只是运用了一些基本的几何知识。

　　在数方面，也就是测量、收集和表示数据。对复杂的数据，列表是一个好办法，表格的形式可以使数据更清楚明白。比方制定一个装修用料预算表，将材料、形状、规格、单价、需用金额等一一表示出来。

　　所进行的计算，主要就是加减乘除，只要搞清楚数据的关系，知道如何去计算它们就能搞定。这就需要学会一些基本的数学知识了，像面积、体积的计算，用钱数量的计算，还有用工时间的计算等。地面装修、墙面装修等都要考虑面积计算，以铺地板砖为例，要计算卧室、客厅以及地板砖的面积。稍微复杂一点的，比方求地板砖的用量，一些细微之处也要考虑到，像地板砖之间的间隙以及损耗等，预算的地板的面积，应大于相应的房间面积，这些在生活中一般都有成熟的处理方法。

　　装修的设计要追求花钱的最小值以及效益的最大值。效益的最大值是一种生活的舒适度和感觉，不好用数学的方式来表达。但是怎么花钱最少，是要用数学方式来计算的，决策也要建立在数据比较的基础上。

装修过程的安排也可以看成一个数学问题。生活中要考虑做出计划安排的事情也很多，在本章第七节还要讨论这方面的数学。

从装修看数学与生活

通过装修我们看到，数学在生活中的运用，带来的是生活问题的解决，从而使数学知识变成了实用的、有价值的、活的东西。总结一下，在装修设计中折射出数学在生活中的六个价值：

1. 经济价值：利用数学的方法，我们可以选择最合理的花销，得到最大的利益。

2. 实用性的价值：装修中的很多细节都需要数学的知识。

3. 美的价值：生活中的美感似乎和数学没什么关系，但是还要利用数学方法去体现，精确的计算是创造生活之美的重要环节。

4. 认识上的价值：数学使人对环境的认识更细微、更精确，而不是糊糊涂涂。我们的感觉是模糊的，有时候不能做出准确的判断，数学的严谨和精确正好弥补了感觉的不足。

5. 决策价值：数学还是人的生活的引导者，引导人走正确的道路，和更快地到达目的地。改造环境有时候得问问数学这种方法行不行，这是数学严谨的一面。正是因为数学的使用，使我们在选择和购买材料时，不必重复地购买或为防不够用而过多购买。

6. 效率价值：拥有数学和数学能力有助于更快地做出决策。

设计的过程也是一个集思广益的过程，要听听他人的意见，自己对装修设计的想法，或许自己的头脑里就有模型，这是个人经验，其中有些是从他人处学习来的。从中可以看到人在生活中的问题解决策略。生活中的数学有时候是由大家来共同面对的，可以以合作方式解决问题。

人是万物之灵，要认识世界、改造世界。但是人并不能无限制地改造世界，那就是要遵循某种游戏规则。我们的环境假如是本书的话，那这本书是用数学的语言写成的，要想细致地认识它，就必须掌握基本的数学，并遵循数学的游戏规则。

第五节 体育运动中的数学

　　研究一下我们会发现在各种各样的运动都中有着有趣的数学，运用数学的方法甚至可以有效地提高运动成绩。比如，推铅球、掷标枪、投篮球、足球射门以什么角度为最佳、跳高的起跳点定在哪里最好、起跑器为什么要放在跑道外沿、怎样排出比赛程序表、教练们如何定出对策、竞技运动的设计和体力的安排等等，他们都在一定程度上和数学有关系。

打台球

　　你打过台球吗？台球运动在国外已有 200 多年的历史，清朝末期传到中国，到现在这种运动已经在我国城乡广为普及。在大多数人看来，台球就是一种运动或体育游戏。如果不是运动员的话，打台球多了还浪费时间，台球厅似乎也不是一个高雅的地方。但是有些人对此有不同的看法。例如有人认为台球是一种绅士运动，可以改善个人气质使之变得优雅，可以让人养成一种喜欢思考的个性。

　　据悉，英国的小学已把"斯诺克"台球引进到学生的体育课中，其目的之一是辅助代数、几何这些课程的教学。教育专家说，为了练习"斯诺克"，学生必须学习这项运动的计分方法，这对提高儿童学习算术的信心有帮助，而且在游戏中，为了准确撞击母球得分，学生们必须计算出球杆的合适角度，这同样也蕴含了几何知识。

　　台球初学者通过不断地训练，可以学会如何操杆撞击球，使母球与彩色球相撞，将彩色球以合适的角度和速度送进袋中。一般人打台球主要是靠直觉和练习，但是要使打球技术好，除了练习之外，还要费一些头脑上的功夫。打好台球需要不断地深入研究，研究什么呢？和数学的计算有关系。打台球的计算，包含了数学领域里面的三角、几何等等；在打球的过程中经常还需要考虑对白球的击打点，不同的击打点所打出的球是不一样的。

　　优秀的台球手能从各种距离和各个角度击球入袋，他们的技术给人深刻的印象。在台球界高超的台球技术，也是一种智慧高深的象征。这是因为打台球的人之所以能打得好，除了直觉和经验之外也有一点数学方面的因素，台球高手需要进行精深的计算，这需要一个聪明的数学脑瓜。

足球上的玄妙

从数学上看，小小足球具有奇妙的特征。传统的足球多数是由黑、白两色皮黏合或缝制成的多面体加工而成的．其中黑块皮为正五边形，白块皮为正六边形。表面之间具有下列特征：(1)黑块皮周围都是白块皮；(2)每两个相邻的正多边形恰好有一条公共边；(3)每个顶点都是相邻三块皮的公共边，且为一黑二白（如图所示）。

随着科技的发展及人们审美观的改变，足球在材料上的选取、制作方法等都得到了大幅的改进，但同时其表面的正五边形和正六边形的结构特征却始终如一。那么为什么我们看到的足球在外观上都差不多，具备以上特征的球面，它的六边形和五边形的个数是一定的吗？这个问题可以用数学的方法来看一下。

问题：求正五边形和正六边形的个数。

分析：在立体几何中有一条欧拉定理，即简单多面体的顶点数、面数及棱数有关系。假设正五、六边形各有 x、y 个，则面数 F=x+y。由于每条棱均为二个面的交线，棱数 E=(5x+6y)/2，而每个顶点均为三个面的公共点，顶点数 V=(5x+6y)/3。由欧拉定理，有 (5x+6y)/3+(x+y)−(5x+6y)/2=2 ①。

又因为每个正六边形的六条边中有三条边与正五边形相连，剩余三条边与正六边形相接，故 6y/2=5x ②。

解①、②组成的方程组可得 x=12、y=20。

所以答案只能是足球上的正五边形有 12 个，正六边形有 20 个。

人们喜欢用图形来表达一种象征的意义。地球上共有七个洲，去掉南极洲，是六个洲，如果把南北美洲看作一个洲，就是一般所说的五洲，足球的五六边形不正象征着参加足球运动的人遍及全世界吗？12 个正五边形和 20 个正六边形拼成一个完美无缺的"32 面体"球面，使足球表面是黑白相间的 32 块，象征着参加世界杯决赛的 32 支队伍。这样看来小小足球是这么优美和谐，这是数学之美。

运动的数学特征

所有的运动都有它的运动方式，它所用的不同的场地和器材，以及它的运动规则，正是这些限制，才把各种运动区别开来。场地和器材一般有一定的尺寸要求，这些要求必须或能够用数学的方式表达出来，使人能实现这些要求，来为运动提供条件。精确的规则制定也经常和数据有关，什么时候举黄牌或红牌也是由犯规方式和次数决定的。规则限制和决定了人的运动方式，数学的客观性提供了区分和限制各种运动的标准。

对观看运动的人来说，体育运动也到处都充满了数学的因素：如许多人都对足球感兴趣，他们差不多都有自己崇拜的球星，这个球星是多少号、属于哪个球队，他们简直是如数家珍；各个球队有多少名队员、上场主力有几位、场下替补有几名、球队之间比分是多少、球队的积分和排名情况如何等等。运动场似乎也是一个数字的训练场，只是这方面的数学一般来说很简单，大家不去注意它罢了。

运动员的目标和运动的成绩标准也是一大堆数字，长度、时间、个数、比分、分数等，输赢其实可以看成是二进制数字，连进行表演时表演的难度、表演得是否好看，都要由裁判或评委化成分数来评价。数学的方法其实是提供了运动需要的标准，空口说不行，得用数字来说服人。可以说没有这些数字，人就无法比赛。数学是客观的东西，它评判各种运动的是是非非，人们都得倾听它的声音，想获得认可也得在数字上说话，用数字来证明。在这方面说，数学是很严肃的东西，它从不给你开玩笑。

追求最佳

作为比赛的运动是在向自己挑战，也是在向新的目标挑战，是为了获得一种最佳效果：最高、最快、最远、最准确、最多、最有力、最有技巧，等等。要达到这种目标，需要最佳地运用自己的运动能力。如何达到最佳，数学的研究可以给人启示。

比如跳高，要是你参加过跳高运动你就会留意到，起跳距离不能过近或过远，起跳距离即起跳点离横杆在地面上的垂直投影，过近了容易在身体腾起时把横杆碰落，过远了身体下落时容易把横杆扫下来。举个例子：1982 年 11 月在印度举行的亚运会上，曾经创造男子跳高世界纪录的我国著名跳高选手朱建华已经跳过 2 米 33 的高度，稳获冠军。他开始向 2 米 37 的高度进军。只见他快速助跑，有力的弹跳，身体腾空而起，他的头部越过了横杆，上身越过了横杆，臀部、大腿、甚至小腿都越过了横杆。可惜，脚跟擦到了横杆，横杆摇晃了几下，掉了下来！问题出在哪里？专家认为出在起跳点上，他的起跳点远了 40 多厘米。起跳点的选择是可以用数学的方法来解决的。

为了追求最佳的成绩，可以建立一个数学模型来进行研究。比如对跳高来说，这个数学模型应包括决定跳高成绩的各种因素，除了起跳点外，还要涉及起跳速度、助跑曲线与横杆的夹角，身体重心的运动方向与地面的夹角等。通过这个数学模型，根据运动员的身体素质数据，可以为这个运动员制定一个更好的方案，来提高他的运动成绩。

用现代数学方法研究体育运动是从 20 世纪 70 年代开始的。1973 年，美国的应用数学家 J.B. 开勒发表了赛跑的理论，并用他的理论训练中长跑运动员，取得了很好的成绩。几乎同时，美国的计算专家艾斯特运用数学、力学，并借助计算机研究了当时铁饼投掷世界冠军的投掷技术，从而提出了他自己的研究理论，据此提出了改正投掷技术的训练措施，从而使这位世界冠军在短期内将成绩提高了 4 米，在一次奥运会的比赛中创造了连破三次世界纪录的辉煌成绩。这些例子说明，数学在体育训练中也在发挥着越来越明显的作用。所用到的数学内容也相当深入。主要的研究方面有：赛跑理论，投掷技术，台球的击球方向，跳高、跳远的起跳点，足球场上的射门与守门，比赛程序的安排，博弈论与决策，等等。

第六节 人人都有一个"小算盘"

俗话说，"人人心中都有一个小算盘"。算盘是中华民族发明的计算工具，心中的小算盘则是人在心里进行盘算时所运用的大脑的一部分，如果将它看作人的工具的话，则这种工具从远古就有了，它大概是和人类的历史同步的。到了现代，这个小算盘发展得更精密，所谓"人心难测"、"人心不古"、"人心隔肚皮"，这些成语也从另一个角度说明了算盘人文化的发展。

心中的小算盘

心中的小算盘进行的盘算，是为了认识环境，或为了达到某种目标找到好的办法，当然或许还有别的可能性。这个算盘所处理的主要对象是生活中的问题，处理的方式是思考，有时候还要借助于环境中的有利因素进行思考，比方说用一个真的算盘，现在是可以用计算机了，也可以和他人讨论，这叫作"集思广益"。

小算盘虽然人人心中都有一个，但是不同的小算盘在计算能力的差别上却很大。所谓"伟人""巨人"的说法，大概可以说就是他们心中的这个小算盘特别发达，并善于使用这个算盘。为了算得更清楚，人们逐渐形成了一些方法，积累了一些经验，数学大概是最宝贵的经验之一。当然这些经验，只是在必要的时候才会拿出来一用，数学就是一个例子。

人经常要使用这个心中的小算盘，启动这个算盘的，经常是一些生活中需要思考的事件。这个算盘的动力，则是生活的需要，更具体点打两个比方，我饿了，那么我就得盘算一下，来对付过去；我面对的是一摊子局面不妙的臭棋，我就得想办法做出决策，改变这种局面。

对于每个人来说，这个算盘有时候算得清楚，这就是头脑清醒的时候；有时候算得不清楚，这个时候一般人的解释是"脑子很乱"。所以使这个算盘保持一种好的计算状态也是一个重要的事情，当然在"难得糊涂"的情况下除外。

读到这里，大家都知道了，这个小算盘一定是主管思维的人类的某个大脑区域。这个算盘和真实的算盘的一个不同的地方是，它有学习能力，可以发展和进步。这个小算盘所面对的问题，大部分是计算和如何安排的问题，从现在的眼光来看，都是生活中的数学问题，或包含数学问题。

生活的数学

在课堂上，语文和数学是两门最基础的课程，相对于人在生活中的两大需要，说话和思考。现代社会经常可以看到这样的现象，就是一个人可以是没有怎么上过学，甚至是一个文盲，但是他拥有一种震动人的心灵的口才，他如果去考试，他的语文成绩一定很糟，但你能说他不懂语文吗？应该说，他在生活中学到了他需要的很精彩的语文。

数学同样是如此，在生活中经常可以看到这种情况，一个人可能没读过几年书，但是他在生活中却很成功，他处理复杂事务的思维能力相比于一个高学历的人一点也不逊色。如果去考试数学知识，他恐怕不行，那么他不懂数学吗？他的课本数学知识掌握可能不行，但是他在生活所需要的数学能力方面，在生活的考试方面，却应该是一个成绩优秀的人。是数学课没用吗？但是他可能在生活中学过另一种数学，可以称为生活的数学。这门课，它的课堂就是社会，他的老师就是他能够学习的人，就是他的环境。在生活中他学到了一种思维方法，这种思维方法实用、简洁、有力，在处理社会事物方面和他的个性因素结合在一起，使他如鱼得水。

生活中有一种没有课本的数学，一直在民间应用和流传，并因为需要不断丰富的数学，是生活的应用数学，比如对自己的房间的布置（几何学），比如打麻将时对牌的计算（概率论），比如生活中对具体事务的思考和解决现实问题的能力（运筹学）等等。生活是先于数学的，也许从某种程度上说，数学正是生活中的思维的专业化和自然延伸。人具有的这种思维能力，在生活中发挥良性的作用，就有益于他的生活，在数学学习中发挥作用则会影响他的数学成绩。而只要他运用这种能力，他的这种能力就得到锻炼。

一个事实是，生活中的数学是和现实行动融为一体的，是一种行动的数学，是一种有目标的数学，是一种立即发生作用于生活实际，并马上得到实践检验的数学，从这个意义来说，生活的数学更接近于一种技术。如果实践检验出了问题，人会有自己的调整方式，这是一种自我修正能力。

学到的数学知识应用于生活，就增加了人在生活中的思维能力，使自己的小算盘打得更精。对于生活来说，生活中的实用的数学更重要。这也给我们启示，就是课堂上的数学学习要多和实际生活结合起来。

用数学武装自己的小算盘

生活问题一般都可以在数学里找到相应的数学模型，对于数学有相应的知识，并尝试解一下数学方面的应用题，是锻炼思维，锻炼对生活的适应能力，为未来生活做准备的好办法，更重要的是学到一种思维的方法，通过这种方法，可以得到正确的结果。作为学生来说，珍惜课堂上的时光，也是学习生活问题的解决，为未来的生活做准备。在课堂之外，则要多参与生活，将做太多的习题，化成面对生活中的实际问题。

在数学里有很多成熟的解决问题的模式，你不妨演习以下数学，比如：

总结过去，从过去的信息中得到有用的数据和结论，对未来进行可能预测，有统计学和概率论，一个例子是证券投资，要在股票市场上的海量数据进行数据分析，从中找出对投资有参考价值的数据，并进行股票形势估计，这是需要一定程度的数学上的能力的。

对图形和空间的设计，可以学一学几何学。

理财方面的计算可以研究一下代数中的计算。

进行时间的或过程的规划，可以研究一下运筹学。

为了成为一个好的程序设计人员，学习离散数学，等等是必不可少的。

面对问题时，人们有时候会一筹莫展，这就是碰到难题了。做数学题，面对问题时可以逐渐学习和形成一些问题解决的思维方法。那么，在生活中自己的大脑会更善于对付生活中的问题。

通过数学方面的训练，可以学会一种思维，形成一种解决问题的精确模式。人可以借助数学的方法，将生活中的数据资料进行加工，从中得到完全正确的结果和判断。只是数学有时候为了求准确，需要很多准确的数据，使一次思维变得很复杂。对于纷繁复杂的世界来说，数学有时不是一个好的选择，因为为了应对生活中的问题，你不能对所有的事情都较真。较真你就没方法往前走了，因为生活中的问题经常是太复杂了，很多问题你不需寻求最优解，只要用一种方法能够解决就可达到目的了。一个例子是乘法口诀，有了乘法口诀，你就不用很麻烦的算乘法了，只要按照乘法口诀走就是了。

生活中人们在更多的时候依靠直觉。直觉是在生活经验的基础上形成的一种快速的决策思维模式，直觉是在一次次的失败之中学习和建立起来的。生活中虽然处处有数学，但人们头脑中一般不会处处想着数学。生活中的数学问题很多是模糊的，适合通过学习和实践解决的。数学处处可以用，但未必总是值得一用，未必永远有用，在什么时候使用数学，在什么时候不使用数学，则要看自己的把握，自己的对问题的了解和抽象能力。

在生活中做一个有心人，也可以学到实用的数学，但是我们通过数学课则可以学到较为系统的、完备的数学。数学学习中所接触的有些数学问题，实际上就是生活问题。他们在生活中是否有用，取决于你是否应用他们，取决于你学习数学的方式，取决于你是否追求技能的应用。多参与生活，面对生活中的实际问题的时候，会为自己的数学找到运用和发现新的数学问题。

第七节 计划制订的思考逻辑

在生活中人人都会考虑一下对未来的计划，但是很少对考虑计划的过程进行研究。制订计划时进行的是什么思维？自己怎样成为一个善于制定计划的人？如何才能制定一个富有想象力的合理的计划？这些问题，对我们其实更重要。

生活中的计划和运筹

一个人、一个组织、一个团体、一个国家都要根据自身的需要制定各种各样的计划。制定计划是为了实现某种目标，一个合理的计划，可以为行动指明方向。目标有短期目标，中期目标，长期目标；有经济上的目标，物质上的目标，娱乐的目标，学习的目标，健康的目标。这些目标要求人有相应计划。

在日常的生活与学习中，我们每时每刻都会遇到各种各样的事情。每一种事情都会有许多不同的方法、不同的步骤来解决。以扫地为例，这件事情包括几个环节：准备笤帚；准备簸箕；用笤帚扫地；拿簸箕；撮；倒出去等。具体的做法可能根据自己做事的习惯，或者对如何做这件事的设计，而选择不同的方式。假如这次要打扫不同的房间，你先扫哪个房间？你如果想用最快的速度把地扫好，你如何安排所有的环节？在社会生活中经常要面对类似的问题。

要想使自己的人生成为一部杰作，就要对自己的生活进行计划。新的一天开始了，我要如何度过这一天才更有意义？我今天要做什么，假如我有三件事要办，我要怎么安排我的时间，才能使这一天更有效率和符合个人的价值观？这需要计划。我要去买东西，我如何安排我的资金？需要买很多东西，那么，如何安排买东西的先后顺序？这都是计划问题。

我每个月都想存钱，那么我要如何安排我的收入和支出？这就涉及理财计划问题了。有很多人有钱，同时也有很多人没钱，究其原因，经济方面的计划能力，是其中很重要的因素。对于一般老百姓来说，过日子要精打细算，如果自己的小算盘打得没有别人精，那就难怪没有别人经济宽裕。

计划是管理自己的人生和事业的必要武器。人的目标千差万别，不同的人在不同的时候会有不同的计划。计划也会因环境和时间的改变而被人们重视起来，比如新年的到来，会促使有些人痛下决心，为实现自己的想法而制订一个计划。在生活中，有的人能够实现自己的计划，有的人不能，抛开别的因素不说，制订一个切实可行的最有效率的计划的能力，是人生中非常重要的一个方面，它在某种程度上决定着人的生活。广为流传的"欲扫天下先扫屋"这句话，其实是蕴含着深刻的哲理的，就是人对一件小事的处理方式，包括其中的细节的思维，在做重要的事的时候会自然而然地表现出来，成为决定大事成败的关键。

运筹学

古时候，对于军机大事，为了决胜千里之外要制定军事计划，要运筹帷幄之中，那"帷幄之中"是闲杂人等不得入内的。相比较起来，田忌赛马的故事就是一件小事了，但是这个故事中所被赋予的智慧，却成了千古传诵的美谈。这个故事说明：合理安排自己的资源，制定一个最好的计划，就有可能达到最好的效果。

为了满足一些军事、经济方面的需要，对有关事务做出事关成败的安排，一门新的数学分支学科——运筹学应运而生了。运筹学兴起于 20 世纪 40 年代，主要研究能用数量来表达的有关计划、管理方面的问题，用数学方法来研究和确定解决问题的最佳方案。运筹学可以根据问题的要求，通过数学上的分析、运算，得出各种各样的结果，最后提出综合性的合理安排，以达到最好的效果。运筹学在处理千差万别的各种问题时，一般有以下几个步骤：确定目标、制订方案、建立模型、制定解法。

比如解决交通拥堵问题，可以用运筹学的有关数学方法。我国著名数学家张恭庆认为：城市有多大，城市道路能容纳多少汽车，道路应该多宽，都可以建立在"量"的基础上，用数学方法收集和处理信息，通过电脑程序测试完成。他举例说，单纯加宽道路未必就能解决问题，因为在不封闭的路段，道路越宽，人行道和自行车道也相应变宽，拐弯时车流量相应增大，道路未必能真正通畅起来。运筹学就是要通盘考虑可能遇到的变量，选择相对可行的方案。

由于现实需要的复杂性，虽然现在还没有出现能解决任何问题的运筹学，但是在运筹学的发展过程中还是形成了某些数学模型，并形成了一些分支，如数学规划、图论、可靠性理论、排队论、搜索论以及博弈论等。运筹学能用来解决较广泛的实际问题，诸如军事、教育、工业、环保、交通、金融、理财等领域内的复杂的问题，都可以用运筹学的方法来提出方案作为决策依据。

生活中的算法

如何进行计划，类似于计算机技术中的算法。算法是计算机科学的常用词，指的是解决问题的方法与步骤。有了算法，计算机才能在输入数据的基础上进行运算，得出最终数据。生活中的烧水泡茶，算是运筹学的一个经典的例子，著名数学家华罗庚在推广统筹方法时经常提到它。我们以它为例看看制定计划的"算法"：

1．明确目标和现实条件。想泡茶喝，情况是：开水没有；茶壶、茶杯要洗；有火，也有茶叶了，怎么办？

2．考虑方案的可能性。考虑为达到目标所有事务的先后顺序，分清主干和分支，如为达到烧水沏茶的目标，必须先烧水、再沏茶，这是主干，不能省略；洗茶壶、茶杯、拿茶叶，这是分支。方法就出来了。

方法一：

第一步，烧水；

第二步，水烧开后，洗刷茶具；

第三步，沏茶。

方法二：

第一步，烧水；

第二步，烧水过程中，洗刷茶具；

第三步，水烧开后沏茶。

这两个方法的区别是在什么时间洗刷茶具。

3．比较，提出方案。第二个方法显然更高效，因为节约时间。

4．检验，重新设计。对于复杂的还会重复的事情来说，一次思考不一定能得到完美的计划，这时候就要根据事务中的对具体的执行过程的考察，来完善这一计划。没有这个习惯，就难以将事情计划得完美，这是决定人做事的效率的重要因素。

另外，在思维方面，要善于在头脑中形成清晰的轮廓；在制定复杂事务的计划时，可以借鉴一下程序设计中算法的画树状图等方法，来辅助自己的思维。

如何提高自己的计划能力

一方面计划有好与不好之别，另一方面，应付生活中的突发事件，需要人快速做出决策，制定行动步骤。制定计划对人的能力提出了要求，如何提高计划的思维能力有三个渠道：

1．在生活中学习。

马克·吐温曾讲过一个故事：

一个人死后去了天堂，问天使彼得：

"现在你可以告诉我谁是人间最伟大的将军吗？"

天使彼得将地下的一个人指给他："他就是你要找的将军。"

"可是他只是一个鞋匠啊！"

"假如他做将军的话，他就是世界上最伟大的将军。"

这个故事从另一个侧面说明了人的经验的价值，经验塑造了人思考、计划和行动的能力。为什么说"时势造英雄"？原因之一是"时势"会使一些人逐渐形成有效的思维方式，来对自己的行动做出巧妙的安排。

"不经一事，不长一智"，要多给自己创造面对实际问题的机会；面对具体事件时，要尽量自己拿主意，主动思考过程中的细节安排，而不是人云亦云。

2．去解决一些与此有关的有趣的数学的或智力上的问题。人不能什么事情都参与，即使是一个将军也不能总有仗要打，那就得创造锻炼自己的机会，比如来几次军事演习或进行沙盘和地图上的模拟作战。一些有趣问题的考验的正是人的计划运筹能力，看看以下两个问题：

两个大人和两个小孩一起渡河，渡口只有一条小船，一次只能渡过一个大人或两个小孩，他们四人都会划船，但都不会游泳。他们怎样渡过河去？

一个人带三只老虎和三头牛过河，只有一条船，同船可以容一个人和两只动物。没有人在的时候，如果老虎的数量不少于牛的数量就会吃掉牛。设计安全渡河的算法。

生活中大的问题有些可能会比这两个问题更复杂，而且在生活中解决问题还会面临时间的压力，但是练习有助于面对生活中的问题。

3．尝试学一点数学，运筹学应该是一个练习计划运筹能力的好舞台。只是运筹学方面的书一般太专业化了，不太适合一般人士学习，要做一个有心人才能不被它所迷惑，学到其中的真正对生活有用的思维方式。著名数学家华罗庚曾写有一本《统筹方法平话及补充》的小书，通俗地介绍了进行统筹安排的数学方法，值得一读，只是又有点不太切合现代生活时尚了。运筹学用的是数学方法，我们对其他的数学分支的研习也能有助于学到这种方法，从而有助于培养生活中的计划能力。

第 **3** 章

游戏、数学和入迷

古希腊哲人普罗塔戈说过:"大脑不是一个要被填满的容器,而是一个需要被点燃的火把。"有些人不喜欢学习数学,甚至恐惧数学,但是和数学有关的需要动脑筋的游戏却是大部分人的爱好,这其中的原因是值得深思的。为什么智力游戏能"点燃"大脑,而数学却经常没有"点燃"大脑呢?

第一节 儿童玩具中的数学

童年的欢乐是人生中的美好回忆，而玩具一定是这欢乐童年不可或缺的装点。有一类玩具可以称为益智玩具，很多人都为它们着迷过，随着年龄的增长，也不一定会丧失对它们的兴趣，但是未必能意识到，这类玩具之所以吸引人，原因在于其中蕴含着数学的魅力。

益智玩具

益智玩具的种类数不胜数，积木、拼图、迷宫、七巧板、魔方等等都属于益智玩具，这类玩具能推动孩子们进行推理和思考，同时也能让孩子获取数学方面的感性知识，锻炼孩子的数学能力，培养孩子的数学兴趣。

小朋友在拼图时，也是在找出图形之间的逻辑关系，以及拼图的具体步骤。有时候他还需要学习范例上的正确拼法，才能拼出正确的图形，这个过程有助于锻炼观察能力和进行分类的能力。玩拼图能学习推理思考能力，因为小朋友经由尝试不同的选择，到最后能拼出完美的图案，要经过假设、判断到选择的过程。

很多孩子会沉迷于积木，像大人们盖房子一样认真。积木可以搭出各种立体造型，既能帮助孩子认识几何图形，又能培养孩子对空间的想象力和思维的创造性。当孩子完成了一个三维立体结构时，实际上他在轻松的游戏中学习了平衡、对称和空间关系这些概念呢。这是在为孩子以后学习科学和数学做准备。

现在一般的家庭不怎么用火柴棒了，如果用火柴棒做玩具对于孩子们来说也是挺神奇的。它可以搭出很多美丽的图形，也可以搭出一些数字。通过搭数字的游戏，能让孩子灵活掌握数字间的变化特征，加深孩子对数字的印象。

折纸有助于孩子对几何图形的感性认识。折纸过程中的折和剪，也可让孩子认识图形之间的关系，为了得到某种图形，孩子也会思考解决问题的方法。简单的掷骰子游戏，需要孩子去数数，在掷骰子的过程中，大一点的孩子们可感受到可能性问题，这是数学中概率的萌芽。如果将掷骰子的点数记下来，希望找到其中的规律，那就和统计有关系了。骰子虽小，由于有一个比赛谁掷的点数多的问题，孩子们的好奇心自然而然会转向比较大小这种数学问题。

魔方是一种比较复杂的玩具，最初发明时曾风靡全世界，男女老少都爱玩。其实魔方就是一个数学难题，这个题一般的孩子还解不出来呢，如果一个小孩子能自己把魔方玩得轻松自如，那他一定是个数学天才。

这些看似简单的小玩具，其实正蕴藏着数学学习的契机。当孩子们用小手把玩着充满"魔力"的益智玩具时，他们在用心揣摸，认真思索，也是在不知不觉地进行数学思考，走进了令很多人感觉高不可攀的数学殿堂。

中国古典玩具耐琢磨

你见识过这些玩具吗？九连环、七巧板、华容道、鲁班锁、四喜人……这些是我国古老的传统益智玩具，有的已有上千年的历史了，古典玩具的种类繁多，它们虽然看起来简单，但却机关连环，对人的智力绝对是一个挑战。

不要认为这些只是玩具，登不了大雅之堂。2002 年国际数学大会在北京举行，在同期举办的《中国古典数学玩具展览》上，这类玩具竟然吸引了近 10 万名参观者，曾让世界 4000 多位顶级数学大师赞不绝口，同时也难住了这些可以说是世界上最聪明的头脑。第 23 届国际数学家大会主席道·本博士赞许地说："这是献给第 24 届国际数学家大会最好的礼物。这个展览把数学和人们的距离拉近了，让孩子们在玩具中感悟数学的原理，在游戏中享受数学的乐趣。这是我看到的最好的数学展览。希望所有热爱数学的孩子们都应该到这儿来看看。"

七巧板又称"唐图"，用七块大小不同的矩形和正三角形拼出形态万千的奇妙图形，甚至可以"写"出笔锋犀利的书法作品。有学者考证，中国古代的弦图（勾股定理）即发源于七巧板。有人认为这个古老游戏的起源，可追溯到传说里伏羲手持的矩。

华容道只是一个木框和几块木块，要求按顺序移动一系列大小不一的正方形和长方形木块，最终把面积最大的正方形木块移到出口。要完成这个游戏是比较难的，有人曾用计算机编程算出解华容道所需的最少步骤为 81 步。这个玩具取材于《三国演义》中曹操败走华容道的故事。华容道是在有限的空间里调动图形，涉及图论以及运筹学等内容。

著名科技史家李约瑟认为：九连环应该起源于中国最古老的计算器——算盘。九连环是在长方形的框架上排列着九个圆环和九根立柱，圆环之间环环相扣，其间还贯穿着一枚细长的叉套，而且叉套也被重重的立柱阻隔。解连环就是通过一系列动作取下叉套，把九连环完全拆开需要500多个步骤呢。九连环的解法蕴含电脑编程原理，解的过程包含拓扑学原理，九连环里面用的是二进制原理。

相传春秋时期的能工巧匠鲁班为了测试自己儿子的智力，发明了鲁班锁。最常见的鲁班锁由六根带榫卯的木块拼接而成，流传了千年，木块根数未曾增加一根，足见难度之大。这东西拆也不好拆，拆开了又装不上。刚开始玩的人可能感觉到，拆拼由6根小木棍组成的鲁班锁不在话下，上手之后就会知道花上几个小时也不一定能拼好。

西方将这些玩具统称为"中国的难题"。李约瑟在《中国科技史》中称，七巧板是"东方最古老的消遣品之一"。日本《数理科学》杂志将华容道称为"智力游戏界三大不可思议之一"。国外一些人还将九连环称为"中国环"，称鲁班锁为"六根刺的刺果迷"。美国的数学科普专家马丁·加德纳认为，西方曾风靡一时的智力玩具"驴的魔术"，其灵感就来自中国的"四喜人"。

益智玩具带来智慧的乐趣

玩具的世界是一个变化万千的世界，可以让孩子尽情发挥自己幼稚而又潜力无限的头脑，去体会探索和把握世界的乐趣。益智玩具，一般需要玩者手脑并用，不同的玩具包含着不同的智慧和技巧。以玩七巧板为例，可锻炼手眼协调、空间想象力，培养空间感和空间抽象能力。玩七巧板起劲的孩子，以后学起几何来大概也少让人操心。

玩益智玩具就像是在解数学题，也在锻炼人的数学思维能力。特别是古典益智玩具，能在玩中引导人去转换思维模式，打破思维定式，开发想象力，从多角度、多渠道去看事物。此外，对玩者的观察力、记忆力、耐力，以及动手能力外都是一种锻炼。

为什么益智玩具能让人感到趣味无穷？体会这种兴趣的实质，其实就是数学思维的乐趣。益智玩具真正迷人的是思考和解决问题的乐趣，其解法之精妙也经常会使人有一种兴奋和惊叹的体验。像鲁班锁、华容道等等都是要跳出常规思维才能解开的，也不是任何人都能做到的，这种问题的解决证明了自己的力量。这里可能就有一种竞赛的乐趣，瞧，我多聪明！比你们强吧！

数学大师陈省身为中国少年数学论坛题词："数学好玩。"也许这些智力玩具正是对陈先生这四个字的一个注释。益智玩具能引导孩子在快乐中亲自动手去对玩具进行探索，帮助孩子在玩中探索数学概念，进入数学之门，孩子们在游戏中可以领略数学之美。或许这种经历会成为激发他们在课堂中学习数学的兴趣的源泉，也许从这些孩子中会产生一些天才的数学家。

第二节 扑克游戏中的数学

玩扑克是人们业余生活中的一大热门。无论是七十老翁，还是几岁孩童，有文化，没有文化，都会玩几把。打扑克比做数学作业有趣多了，但却也可以看成是一种数学游戏。

扑克和中国智慧

关于扑克的起源，至今没有一个定论。有一种说法是：由马可·波罗或其子小马可·波罗将中国纸牌传到意大利，并迅速传播至欧洲各国，才逐渐演变成现代的扑克牌。可以确定的是，在大约 1000 年前，在中国民间就已经有了纸牌，当时中国的一副纸牌有四个花色，每个花色有 14 张牌。这种纸牌大概在中国演变成了后来的中国纸牌和麻将。

许多西方人确信扑克牌来自东方。美国《纽约时报》桥牌专栏主编艾伦·特拉克斯特曾发出这样的感叹："中国在 1000 多年前就发明了桥牌，中国是桥牌的故乡。今天，世界各地千百万人在享受着桥牌的娱乐。饮水思源，我们要感谢中国，并向中国致敬！"

古时候数学不像现在这样普及，各种各样的智力玩具，从某种意义上来说，就是人们做数学练习锻炼人的思考能力的工具。由于牌类、棋类等游戏方式的复杂多变，和其他自身的特点，使它们成了生活中最普及的智力游戏。

扑克和数学之美

在所有的游戏中，大概扑克看起来最具有数学特征了，每一张牌都由特定的数字或字母表示，一副扑克牌，有着特定的象征意义。扑克有四种花色，每种花色从 A 到 K 共有 13 张牌，表示一年四个季节，每个季节有 13 个星期，如果把大、小王除外，余下 52 张牌，则表示一年有 52 个星期。这些都和数字有关系。或许可以联想一下，比如，四种花色不正对应着数学里的四维空间吗？红黑色可以对应正负数，A 到 10，自然数，JQK 是代数符号，大小王来比一下未知数等。所以一副扑克里也藏着数学的美。

扑克牌是利用数字玩的游戏，虽然只有区区的 54 张牌，但是所变化出的玩法却是永远都玩不完的。就像数学有很多分支一样，扑克牌有各种各样的玩法，什么拱猪、升级、斗地主、锄大地、百分、赶毛驴、桥牌、K 十五等等；当然还可以玩数字数学游戏、耍魔术等等，不胜枚举。每种玩法都有自己的游戏规则。在打法上一般是争出输赢来，比谁先出完牌，谁的计分多，谁的点子大，谁算得快、算得准等，也可自己游戏。不管是那种游戏，玩时都要思考，或者是进行数学计算，或判断别人的牌，或设计自己应该按什么策略和顺序出牌等。

从某种意义上说，扑克游戏正是生活中人们的一种数学实践，他甚至会给数学的研究带来启示。值得一提的是数学大师冯·诺伊曼就是从扑克游戏中得到灵感，才创建了博弈论。博弈的简单解释就是对局游戏，许多人在一起打扑克就是多人对局游戏。每个人都有对局游戏的经历，但是从中形成理论看来还得有大师的头脑。

用扑克学数学

由于扑克的数学特征，可以很方便地利用来锻炼人的计算能力：如两人各持数目相等的扑克牌，每人同时各出一张，谁先辨认出哪张大，就赢这两张牌。再如两人各持数目相同的牌，每人各出一张，谁先算出两牌之和，就赢这两张牌。

也可以随意设计一些数学题如 54 张扑克牌，去掉大小王，剩下 52 张，问它们的总和是多少？这个题目有点类似数学家高斯小时候做的一个著名的题目，高斯要算的是从 1 加到 100 的总和。这个题目有很多方法去算。奇妙的是将所有 52 张牌加起来的数字正好接近一年的天数。

"逗二十四"是很多人喜欢玩的一种扑克游戏，这种游戏是每次抓四张牌，谁能最先将这四张牌通过加减乘除算出 24 这个数，谁就赢得这四张牌。这个游戏把枯燥的基本计算变成趣味盎然的游戏，可以有效地提高学生的计算能力和计算速度。

打牌和运气

无论何种玩法，好牌是每一位游戏参与者都希望抓到的。玩扑克时抓到好牌要靠运气，但是每一位游戏参与者获得好牌的概率是相同的，如果没有人作弊的话，"上天"是以偶然性分配给每个人牌的，有时很偏心，他发牌的时候，给个别人的是一副春风得意的牌，给另一些人的则是一副让人沮丧的牌。利用概率的简单知识，可以精确地计算一个人得到某一张牌的概率，有些打牌的人没有学过概率方面的知识，但也可在直觉的基础上对可能性进行计算，打得熟练的人算牌的速度就像受过专业的数学训练似的。实际上，打牌就是在进行着某些方面的数学训练。

但是打扑克的输赢，并不必然地取决于手上的牌的好坏。如果摊上了一副糟得不能再糟的牌，只要把眼光改变一下，充分利用局面中有利于自己的因素，尽可能找出自己的牌的最好的组合和出手的时机，并挑出一两张还算不赖的牌，用它做强项，也完全有可能改变局面，使自己的结局精彩起来。这就要求人打好自己手上的牌。

打好手中的牌

美国前总统艾森豪威尔，年轻时有一次和家人打扑克，整晚上手气不好，总是抓到很糟糕的牌，他忍不住多次诅咒这可恨的坏牌。他的母亲后来盯着他说："你到底还打不打牌？上天给你的就是这样一副牌，如果你不想放弃，就请打好你手中的牌。"艾森豪威尔却从母亲的话里听出了某种启示。在以后的工作和生活中，他常常用"打好手中的牌"来鞭策自己，鼓励自己去面对各种困难局面。

要打好手中的牌，需要进行思考，这也正是扑克的魅力所在。对于不同的扑克游戏，有不同的技巧。以打桥牌为例，当 13 张牌已经拿到手，格局就已经基本确定了，你必须考虑的是自己手上的牌该怎么打，为此还要猜测其他人手上的牌，预测他们接下来会怎么打。当你每出一次牌，你都必须研究当时的局势，猜想别人的牌形是怎样的，这种猜测有时候是精确的，有时则只能是做出可能性判断，也就是进行概率计算。这里从判断局面到进行决策的思考，面对的大多数问题都是数学问题。因此打牌过程中的思考在很大程度上也是在面对数学，其中有概率问题，有博弈论问题，有运筹学问题，等等。

第三节 麻将和数学

麻将算得上中国最有魅力的古典智力玩具，其参与对象范围之大，流传范围之广，中国历史上，任何一种游戏器具绝难望其项背。有人把它和京剧、国画、中医、景泰蓝等等并称为"国粹"。麻将不就是排列组合吗？看起来简单，但是它符合了人的某种智力上的需要，它也在潜移默化地熏陶着人的思维能力，作为一种数学游戏，当然它也有很多的副作用。

麻将在中国

麻将的起源可追溯到唐朝的叶子戏。据考证，唐朝数学家张遂，即著名的僧一行曾编制一套供人娱乐用的纸牌，上印万、索、筒的图样，成为叶子戏的雏形。后来增加了类似东、南、西、北、中、发、白的几种牌，逐渐演变成今天的麻将。中是中举，发是发财，白板是空白，没有的意思，麻将似乎把这种游戏和升官发财建立了联系，从而具有一种象征意义。

在中国社会上很多人都认为，从一个人打麻将时的表现，可以看这个人的性格、人品，还有聪明程度。在中国人看来，一个人麻将打得好，意味着很聪明，这个人在数学方面具有某种能力。将数学能力和麻将联系起来的一个例子是：著名的数学天才纳什来中国访问，得到了一副精美的麻将作为赠品。

称麻将为中国的"国粹"是当之无愧的，这不仅仅因为麻将是中国人发明的，而且还因为麻将在中国人的圈子里特别盛行，它风靡了一代又一代。为什么麻将会有那么大的诱惑力呢？打麻将有一定的思维方式和行为模式，据说在美国华人中流传一种比喻：用"下围棋"形容日本人的做事方式，用"打桥牌"形容美国人的风格，用"打麻将"形容某些中国人的作风。这个比喻似乎揭示了一点麻将和中国文化的微妙关系。

麻将的数学特性

麻将和扑克牌有些方面很相似，它的牌面是数字的另一种表现形式，也是数字的最原始的特征，"东西南北中"不是数字，但是功能相当于代数字母。

麻将在各地有不同的打法，但是都大同小异，在实质上基本上是一种玩法，在这一点上不像扑克有千变万化的玩法，用麻将也完全可以实现像扑克那样的多种多样的打法，但是或许因为麻将太完美、太令人满意了，以致人们懒得再发明别的玩法了。当然，麻将本身的砖块化的制作方式，可能也限制了人的思维，忙着"砌长城"了，就没有工夫去创新了。

麻将虽然只有这一种打法，却似乎有着无穷无尽的变化，一个经验丰富的麻坛老将，纵横半生可能也没有看到过完全相同的牌局。学过排列组合的人可以尝试计算一下，一副麻将四个人打，会有多少种可能的排列组合，这个数字应该是一个天文数字。所以这组合思索的空间很大。这种组合是一个数学问题，在数学中有一个分支学科，就叫"组合数学"。组合数学所研究的对象在范围上要广得多，麻将中的组合是较简单的组合，打麻将几乎用不着组合数学的知识，最多使用一点初等数学里的排列组合的内容就足够了。

打麻将的思维方式

麻将要 4 个人玩，每个人要遵守一定的规则。要看谁先比别人按一定的要求将这 14 张牌组合起来，你要赶在别人之前，将手中的牌组成尽可能多的组合，最后，谁最先将所有的牌都组合起来，就是和牌（念作"胡"），也就是取得了胜利。打麻将胜利有大胜、有小胜，麻将规则中有计算胜利的程度的方法，就是计番，这是一个有趣的数学问题。麻将虽然极普通，但是要打好还真不容易，其中有很多窍门。

打麻将时，脑袋要像电脑一样运转。最重要的问题是一个数学问题，就是求概率，猜测哪张牌令自己可以形成组合以及有利于自己最终获胜的可能性大小。选择一种获胜可能性最大的方式，并将获胜可能性最小的牌挑选出来打出去。麻将场上计算概率的方法，一般人都是在打麻将中自然形成的。

由于成和意味着胜利，他人成和，就意味着自己取胜的概率为零，所以打麻将还要纵观全局，要记牌，分析别人打的牌，从蛛丝马迹中判断别人的牌型，他人需要什么牌，这些都需要有关的数学式的推理。打出一张牌要做出权衡，要求对自己有利，又尽量不能因为可能对他人有利而给自己造成较大损失。所以出手一张牌的算计并不是那么简单，在麻将场上看起来是大家钩心斗角、斗智斗勇，这也是麻将的魅力。

打麻将必须"眼观四方、耳顾八面"，既要安排好自己手里的牌，又要盯住下家，麻痹上家，注意对家，这需要全局性的考虑和判断。有趣的是，有人这样描述打麻将："四个人，不讲团结，不搞合作，人人一肚子鬼胎坏水，宁愿自己没好日子过，也要把上家的牌吃尽，下家的牌封死。"

打麻将的技术可以不断进步，要想打得更好，还得熟练到一定程度，因为打麻将打得熟了，就会达到一种新的境界，在数学的学习方面也是如此，有些人的数学水平不够高，原因就和麻将没有打好的原因一样。

第四节 棋类游戏和数学

棋类游戏是一个很大的家族，象棋、围棋、跳棋这些游戏是人们生活中的调剂品，成为人们文化生活的重要组成部分。下棋争的是胜负，是需要动脑筋的游戏，它最大的优点是能使人的头脑更灵活。

棋类游戏的思维

棋是一种在平面上的游戏，有棋盘、棋子和行棋规则。有两类，一类是有一定的开局布置，棋子可以动，动则遵守一定的规则，在棋盘上进行拼杀，经过一定的步骤获胜，这一类以象棋和军棋为代表；一类是双方可以向棋盘上放棋子，经过在一定规则下的较量，看谁占有更多的地方，这一类以围棋最为复杂，也最为普及。

下棋的过程离不开逻辑思维，因为正确的逻辑决定自己的棋的结局。下棋不像打麻将和打桥牌那样，具有较少的社会性，从逻辑思维的角度来看，下棋是比桥牌和麻将都更为高级的纯粹的智力游戏。

下棋的思维和数学上的思维有很多相似的地方，下棋可以看成一场现实的数学演习，每走一步都相当于解一道数学题。对局势的判断，相当于解数学题时对题意的理解，对前提条件的把握。象棋中的残局和围棋中的定式，相对于数学中的公式和定理。行棋规则，则相当于数学中的计算法则、逻辑规则。

另一方面说，数学是数学，下棋是下棋。下棋时的计算和数学的思维方式还是有区别的。数学是必然的方法和逻辑，下棋则是实践经验的总结。由于棋局的复杂性和人类智慧的限制，下棋中的很多思维只是猜测和感觉，不像数学最终要归结为严谨的过程。

下棋和博弈论

博弈论，又称"对策论"，英文名字是 Game Theory，它的产生本身就和游戏有关系，是使用严谨的数学模型研究冲突对抗条件下最优决策问题的理论。"弈"就是棋的意识，"博弈论"这个中文译名也暗示了下棋和博弈论有相似的思维方式。

具有竞争或对抗性质的行为称为博弈行为。在这类行为中，竞争的各方各自具有不同的目标。为了达到各自的目标，各方必须考虑对手的各种可能的行动方案，并力图选取对自己最为有利的方案。博弈论的视角有助于理解下棋中的双方的对局策略。最初用数学方法研究博弈论，正是在国际象棋中开始的——如何确定取胜的着法。

下棋要讲究谋略，谋略的结果有点像上战场，永远都是争个你死我活。我要赢，你就要输。作为当局者，要考虑的问题是他人的行为反应，自己走一步棋，他人会有什么可能的反应，这种反应对自己的影响，自己下一步棋应怎么走……根据这种考虑，决定自己应该采取什么样的行动和步骤。

博弈的本质是策略的选择和互动。博弈的数学模型往往以充分理性为前提，早期博弈论在面对实际问题时，由于考虑人的心理因素则有点力不从心，应用于社会现实，往往有削足适履之嫌。因此，博弈论在二战前后热过一阵后，人们对它的社会军事用途不再抱有过多幻想。

现代博弈论将研究人的行为，以人的行为的心理基础作为出发点。具体到下棋，可以概括为下面几点：(1) 建立对手的思考模型，如布局的偏好，下棋的风格等等；(2) 考虑对手会如何对付自己；(3) 结合上述两点推论对手的谋略和构思。如在棋盘上对"骗着"的运用，骗着成功的前提是对手不会识破或看清，而这有赖于对对手的心理模式的判断。

当然，博弈的前提，还是下棋的技术水平，水平不到，不可能产生有效策略，也难以透彻了解对手的意图。技术水平到了，才能了解对方，做出较好的决策。

象棋与数学

中国象棋和国际象棋有很多相似的地方，著名的《中国科学技术史》的作者李约瑟博士认为，中国早期的六博游戏是象棋的源头。国际象棋是世界上流传最广的棋类游戏，分析一下国际象棋和数学的关系，可以折射棋类游戏中所运用的数学智慧。

国际象棋与数学的思维形式十分接近，它需要每一名棋手在对弈过程中，有客观判断局势，严密制定计划和精确计算变着的能力。数学家哈尔基在《数学家的自白》一文中说："拆解国际象棋的棋题正像是解数学题，而下国际象棋就仿佛是在进行数学运算。"

很多国际象棋高手都受过不同程度的数学学科的教育和训练。棋王卡尔波夫在大学时读过数学力学专业。国际象棋历史上第一位世界棋王斯坦尼茨就对数学很感兴趣。第二位世界棋王拉斯克更是一位数学家。第五位世界棋王尤伟最初是中学的数学教师，后来成为一名大学教授，曾领导一个计算中心的工作。

第六位世界棋王博特温尼克是位技术科学博士。退出棋坛后，他开始从事应用数学的研究。

国际象棋对弈中逻辑思维能力是重要的，以电脑人脑之战为例，电脑只是一个逻辑机器，但是它最终战胜了人脑。"深蓝"电脑和卡斯帕罗夫进行的国际象棋大战，思维模式是不同的，电脑在比赛中，选择每一步棋的时候，总是要对尽量多的可能性进行逻辑计算，并通过比较来做出决策。"深蓝"每秒有 2 亿次的计算，但是，卡斯帕罗夫认为，自己的选择，只有十来种，虽然只有每秒三步的计算速度，但每一步都是有意义的。而电脑不得不做这样的全覆盖性的扫描，它大多数的计算是浪费在那些"臭棋和昏着"中的。所以人脑的思维模式具有电脑现在还不能替代的特性。很多工程师持续的努力，才使电脑在和人脑的超级象棋大赛中取得了胜利，这显示了国际象棋的复杂性，比如数学上早就证明：对于国际象棋，先走者有必胜或不败策略，但是现在谁也没有找到这个策略。

象棋棋手的水平除了逻辑思维能力之外，还要建立在两种高度发达的能力基础之上，即模式识别能力和高速信息抽取能力，这两种能力是通过不断的学习和练习逐步获得的。实际上，这两种能力不仅对于博弈至关重要，在数学学习中也是重要的。

围棋和数学

中国古代人讲究"琴棋书画"四大艺术，其中的"棋"说的就是围棋。早在春秋战国时期中国就有了围棋，它流传几千年至今受到人们喜爱。围棋艺术，千变万化，最简单又最复杂，其对人类智慧的挑战具有经久不衰的魅力。做过好几届美国数学协会主席的艾勒文教授感叹说："我研究了这么多年智力游戏，围棋是最好的一种。"

有趣的是，在国际象棋比赛中，电脑已经有能力摆平人脑，但是在围棋方面和人类对抗，却仍然显得很笨拙。人们都认为下围棋的能力和数学能力关系密切，但是一个数学家在围棋面前也会有找不着北的感觉，它的变化不是现代的数学所能够穷尽的。"千古无重局"这样的事实，更是让人类智慧生出高山仰止的敬畏。作为一种连起源年代都不可考的文化古董，经过几千年的思考，人类仍然无法穷尽围棋中的各种变化。到底围棋有多少变化，有人在理想化的情况下，用数学的方法计算过，下第一步棋有 361 种选择，下第二步棋有 360 种选择……全部的棋局变化数目为：

$$361 \times 360 \times 359 \times 358 \times \cdots \cdots \times 2 \times 1$$

这叫 361 的阶乘，记为"361！"。最后用计算机算出的具体数字是一个 700 多位的数，这可是难以想象的数字。如果只计算头三步棋，这个数字是 46665640。当然这样的计算对下围棋是没有意义的，一个棋手在第一步棋时可供选择的也就是十来个位置。

如果说数学是研究量和形变化的科学，那么，围棋则是切磋量和形变化的技艺。围棋对局，离不开计算，"气"和"目"的计算贯穿始终；还有得失利弊的计算、转换大小的计算、全局和局部的计算、劫和官子的计算以及更为复杂的几块棋扭在一起的死活计算，等等。在对于形的判断方面，是对棋的感觉，属于形象思维，这种感觉其实是在下棋过程中逐渐形成的一种模式识别能力，是对形势的判断，即使仍然用目来做计算单位，但是这种计算也是建立在不确定的基础上的。所以围棋的思维又不是纯逻辑的。

定式和数学中的公式和定理相比起来，定式的正确性不是绝对的。从博弈论的观点来看，采用定式是因为局部对全局的准确影响尚不明显，彼此采取的一种妥协措施。定式所依据的不是像数学公式一般的绝对正确，而只是彼此的一种相对满意的状态。由于定式经过前人检验，按定式下不会有大的漏洞，面对纷乱的变化可能，定式就避免了计算的麻烦。

下棋对人的影响

《论语·阳货》中，孔子说："饱食终日，无所用心，难矣哉！不有博弈者乎，为之犹贤乎已。"这是说下棋可以充实人的心灵。下棋还是培养数学能力的有趣方法，下棋时需要深思熟虑的脑力劳动，能培养人静心思考的好习惯和独立解决问题的能力。调查表明：棋下得好的少年儿童一般数学成绩好，"一着失误，满盘皆输"的教训，似乎使他们解题思路更宽，计算步骤也清楚、有序，计算的准确性自然大大提高。具有数学能力的人，比较喜欢数学或科学类的课程，具有独立思考和判断能力，喜欢发现别人言谈行为的逻辑性缺陷，喜欢下棋或思考性的游戏。

一个人棋下得好，说明这个人聪明，这使下棋成为一种优雅的游戏。但是这种能力必须以生活中的其他条件为前提，才能真正有益于生活。一般人下棋下到一定程度就难以进步了，这时候下棋锻炼智力的效果可能有限，但是由于棋类游戏令人过于着迷，可能会浪费人的时间。人的聪明才智如果用到正确的地方，会创造价值，而如果不是职业棋士的话，下棋可能不能实现什么效益，其他游戏也是这样。遗憾的是很多人对游戏似乎有一种过于执着的爱好，从游戏到游戏人生。

第五节 电脑游戏中的数学

这是一个电脑游戏风光无限的时代，游戏的巨大吸引力，已经使游戏成为一个在市场中呼风唤雨的巨大产业。人玩电脑游戏的同时，电脑游戏也在"玩"着人，潜移默化地改变着人的某些侧面，其中之一就是在塑造着人的思维方式。

电脑游戏的影响

电脑深深地改变了人们的生活，一个显著的特点是改变了很多人的游戏方式，原来在生活中所玩的游戏，大部分都被搬到了电脑上，使人可以以新的形式玩同样的游戏，比如打扑克、打麻将、七巧板、华容道，等等。在更多的时候，电脑时代所发明的各类游戏，代替传统游戏赢得了更多的爱好者。

玩电脑游戏是一种享受，软件设计师们制作了很多迷人的游戏。和看电视和阅读文献不同，游戏本身更要求游戏者主动的参与，这使人的大脑处于一种活跃状态，网上对战的游戏，意味着参与游戏的各方相互斗智斗勇，其中的逻辑思维肯定是决胜的因素之一。

国外的研究资料显示：人过中年以后，大脑的某些区域，比如用来集中注意力的大脑中的某个部位，会开始逐渐衰退，而玩电脑游戏则可以促进这个区域的发育。在数学学习和研究中，注意力也是非常重要的。也有人用智商测验来研究电脑对人的智力结构的影响，在经过一系列的心理测试后研究人员发现，在测试中，玩游戏的人始终比不玩游戏的表现的要优秀。当然这种研究未必那么精确，考虑也不够全面，但是适度玩游戏，并选择适合的游戏，有利于数学方面的智力的发展则是一定的。

电脑游戏对智力的挑战

许多人都热衷于玩游戏，原因之一是游戏提供了更强的挑战性，玩"俄罗斯方块"或其他的电脑游戏时，游戏促使玩家主动思考解决问题的不同方案，设法理解游戏机制。当一个人面对挑战并且战胜挑战的时候，便已学到了一些东西。而挑战是存在于数学课本中还是在电脑游戏中并不重要，重要的是解决问题的方法。

人们可以从玩游戏的过程中吸取经验教训，从中找到问题的解决方法，这也许意味着他们能把这种问题的解决方法应用到数学学习或生活中。所以说益智的电脑游戏可以丰富人的学习经验。即使学习局限于游戏本身，看不到显然的用处，玩家也可以在游戏中学到一些战胜困难的态度，例如如何使自己通过游戏中的第几关等等，要思考一下策略问题。

WINDOWS操作系统中一个简单的扫雷游戏，其实是一系列数学题组成的一个较大的数学题，解答这道题的思维包括概率知识和逻辑判断。这里，数学和游戏完美的组合在一起，扫雷既是数学，又是游戏，类似的游戏还有很多。

"俄罗斯方块"寓无穷的乐趣于简单的玩法之中，被公认为有史以来最畅销的电子游戏，至今依然魅力不减，几乎成了每个游戏平台的必备游戏。要玩好这款游戏，需要一些和图形的转换和数量的计算有关的思维能力，还需要思维的敏捷性，这有助于数学方面的能力的发展。而这款游戏的制作者名叫亚力克西·帕杰诺夫，正是莫斯科的一位数学家，他对五格骨牌等趣味数学游戏有着强烈的兴趣，五格骨牌指的是一组由五个边长为一个单位长度的正方形连接所构成的图形，它的玩法非常简单，就是把这些形状各异的板块相互嵌合在一起，这种游戏给了他制作了《俄罗斯方块》的灵感。

RPG 游戏和数学

以 RPG（角色扮演游戏）为例，好的 RPG 展现在你面前的是一部充满未知和变数的冒险历程，首先音乐和场景就带给人一种好的审美体验，你还会随着里面的角色欢笑、悲泣；接受痛苦的磨炼；享受成功的喜悦。当你和主角一起踏上未知的旅途，你的一个举动和决定将改变他的未来，有些游戏中为了帮助他，你必须解开一个个机关、谜题。它们可以是古老的数学问题，也可以是益智的小游戏，甚至可以是悬念丛生的案件侦破。这里就可以发挥你的推理能力、反应速度、记忆力等。这些能力同样在数学上也用得着，但是在游戏中会使你有一种全新的把握世界的感觉，这就是 RPG，它带给人的除了感动和投入外，还有数学能力的训练。

另外从游戏的编程来说，千军万马厮杀、特种部队灵巧地穿越丛林和敌人战斗，等等，这些效果要在游戏中实现都需要动用大量的数学知识，比方使用高等数学中的线性代数、数值分析、图论等内容。

做数学题就像打 RPG 游戏，经常打的人更容易过关，办法就是经常练习。已知条件已经确定，宝箱就在面前，问题就是打开宝箱。打熟了的人可以很快从墙上的壁画上面把钥匙摸到手。做数学题也像打游戏一样，别刚开始就找难度很大的，找比自己现在水平稍高一点点的，多练习，由已知条件找到钥匙会越来越快。总是找不到钥匙则是玩得不熟练或考虑问题的方式有问题。当然对游戏规则没感觉更容易出错，而且难以避免出错，为了减少错误，要善于找到自己的感觉。

电脑游戏的是与非

信息时代，电脑游戏吸引了千千万万的不同年龄的爱好者，很多人有自己难忘的电脑游戏！甚至有许多人痴迷于电脑游戏而不能自拔。各种各样的电脑游戏是生活以及生活中的各种游戏的缩影，只不过电脑中的游戏是虚拟的，它可以模拟生活中的体验，但不能完全代替生活中的体验。

过度沉溺于电脑游戏，带来了种种心理问题和社会问题。于是，处处可见人们对电脑游戏的口诛笔伐，有人指出电脑游戏成瘾影响青少年的健康和学业，甚至可能诱发违法犯罪行为，于是将电脑游戏形容为"电子海洛因"。一些做父母的更是时时戒备，担心像鸦片一样的电脑游戏诱惑自己的孩子。担心是有道理的，特别是对于读小学或者是读初中阶段的孩子们，各方面都不成熟，自控能力较差。如果没有引导，无节制地去玩电脑游戏，肯定对孩子的成长不利。

适度原则总是对的。电脑游戏并没有那么狰狞可怕，学校和家庭没有必要彻底禁止电脑游戏，关键是对电脑游戏加以正确的引导。家长应该对孩子玩游戏加强管理，将电脑游戏的使用限制在一定的范围内，使它合理地发挥娱乐的价值，并扮演丰富与锻炼人的智慧的角色，让他们通过积极向上的健康游戏内容去完善自己的头脑。但是如果过于粗暴地干预，孩子可能会变成在家里不玩，而跑到外面悄悄去玩，那时候再拉回来就难了。

第六节 数学是令人沉迷的游戏

一个人爱好数学是因为感到了数学的迷人之处。伟大的数学家希尔伯特曾经说过："数学是根据某些简单规则，使用毫无意义的符号在纸上进行的游戏。"他还说："问题就在那里，你必须解决它。"这种感觉大概类似于一个迷人的电脑游戏所带给人的感觉：冲过了一关，又来了一关，你必须战胜它。

智力游戏的乐趣

智力游戏令人沉溺其中的动力是什么？在智力游戏中有一种思考的乐趣。这种思考要使用逻辑，还有一些一般来说很直观的数学知识。回味益智类游戏的思考过程，数学问题总是穿插于其中，对这些问题的解答总是耗费了大多数的游戏时间。有些益智游戏显然就是数学题，只不过它不是表现在黑板上，或者是在某个习题集里。有些游戏只是隐含着数学题，但这也是数学题的一种表现形式。所以说，益智类游戏的乐趣，在很大程度上就是数学带给人的乐趣。

大多数人并不认为学习数学是一件趣事，更谈不上是游戏。因为课堂上的数学学习的过程限制了他们对数学的理解，他们认为只有课本上的数学才是数学，数学就是由枯燥的文字和无趣的数学问题组成的。客观地来看，这种看法失之偏颇，产生这种看法是因为没有发现数学的乐趣，也没有形成好的学习方法。这正如游戏，有很多游戏你需要有一段时间的适应过程，你才会真切地感到和发现其中的乐趣。

　　游戏是自发的，自然而然的，荷兰人约翰·赫伊津哈在《游戏的人》一书中，曾经对游戏作了较深入的研究。他认为游戏的人最自由、最本真、最具有创造力，游戏先于很多文化现象出现。他的看法很符合我们在生活中的体验。游戏的人是自由自主，不考虑功利，在一定的规则下，通过某种思维和行动，建立某种秩序，产生某种幻觉，并在其中感受充实和特别的愉悦。但是一个游戏如果反复地做，人也会厌倦，这时候游戏就不再具有乐趣了。

　　在学校中学习数学，一开始的时候，也是有新奇感的，这时候大概有一种游戏的心态，有的人大概能保持这种心态，这就是数学兴趣。对大多数人来说，学习数学是一个非常认真和慎重的事，这或许反而不利于形成数学的兴趣，难以体会数学思维的妙趣。数学是被要求去学的，少了自由的、自发的、游戏一般的乐趣。有时候需要不断地重复学习，这或许会使人产生厌倦情绪。使学数学的过程像游戏一样美妙，这对于老师和学生来说都是一个挑战，但是应该能够实现，因为游戏是数学的一个侧面。

数学与游戏

　　人们一般认为，数学总是和逻辑在一起，严谨和认真是人们对数学的一种看法。游戏似乎是在消遣时光或寻求娱乐，而数学则是智力工作，同时是具有巨大的实用价值的科学。但是在数学领域可发现大量赏心悦目的具有游戏性质的内容和问题。

　　在算术中，毕达哥拉斯学派对于完全数和亲和数等数字的奇特性的研究具有游戏的性质。在代数中，三次方程早已出现在公元前 1900 年至前 1600 年巴比伦的泥板书中，当时并没有实际的问题导致三次方程，显然巴比伦人把这个问题当作消遣。公元前 3 世纪阿基米德提出"群牛问题"导致包含 8 个未知数的代数不定方程组。几何学中的游戏趣题更是花样繁多，如由勾股定理所编制的大量趣题、古希腊人研究的角的三等分、倍立方体和化圆为方这三大几何作图问题等等。在微积分中，从 16 世纪以来人们对大量种类的奇形怪状的曲线的研究显然带有娱乐的性质。现代数学意义上的纯粹数学，从某种意义上说，是把数学当作游戏来研究。

游戏和数学具有很多相似的性质。游戏不是为了从中获取利益，很多数学上的探索和发现也不是因为功利的目的；儿童从游戏中丰富情感、获得知识、发展智力和能力，从而为将来的竞争和生活做准备，成年人玩游戏则是为了体验放松，满足好奇心，活跃头脑，数学也具有这些功能；游戏不是玩笑，做游戏必须相当认真，不认真对待的人是在糟蹋游戏，数学也是；游戏在深思熟虑、实施以及取得成功的过程中能够得到巨大的乐趣，数学也是。

数学令人着迷

自古以来，数学经常是一部分人的智力游戏，它能使参与者产生心灵的愉悦感觉。许多人不单是因为数学有用而研究数学，他们的出发点则是把数学作为一种很好玩，并且可以向他人证明自己价值的游戏，一种优雅的精神追求。例如：尽管希腊人把几何看作理性的严肃的事，但实际上希腊人却把几何当作智力游戏对待，他们的大部分工作本质上都具有游戏的性质，因为不是为了实际的需要而研究，比如他们把大部分的精力都集中在许多单纯的几何问题上。可以说数学很大程度上只是希腊人的一个高级玩具。

爱因斯坦说过："许多人爱好科学，是因为科学给了他们异乎寻常的智力上的快感，对于这些人科学是一种特殊的娱乐。"爱因斯坦的这段话特别适用于数学领域。许多数学思想是人们锲而不舍地思索一个令人迷惑的概念或问题的结果。有些人可以就一些数学问题连续工作几个小时，甚至花费几天、几年的时间去探讨那起初从表面上看似乎没有什么用处的问题，以求得彻底解决。激励他们去做这些事情的动力因素正是一种令人着迷的感觉。著名数学家哈代曾说："激励数学家做研究的主要动力是智力上的好奇心，是谜团的吸引力。"

数学的诱人之处，就在于绞尽脑汁之乐，有时候想破头仍束手无策，有时候却又豁然开朗。解出一道数学题的感觉有点像魔术中的变戏法，它使人们在看完之后，几乎没有一个不惊讶得马上就想知道："这套戏法是怎么搞成的？"经常可以看到这样的场景，校园里下了数学课，几个脑袋凑在一起，突然同时惊呼："对对对，就是这样解的！"再比如，当你突然间发现了一个问题的新的解法时，也会有一种"柳暗花明又一村"，或者是"曲径通幽处"的兴奋感觉。数学奇特的魅力其实经常在向人召唤，有缘的人会无怨无悔地进入她的殿堂。

第 4 章

经济生活中的数学思维

　　著名数学家华罗庚说："人们对数学产生枯燥无味、神秘难懂的印象，成因之一便是脱离实际。"其实，在与经济有关的实际生活中，人们也在频繁地使用着数学，并使其发挥着特别重要的作用。比如银行存款和贷款利息计算等等，很多和理财有关的问题都是数学问题。可以毫不夸张地说，一个人在经济上是否成功，和他数学方面的能力有很大关系。

第一节 买卖东西的数学

在生活中进行的计算，人们经历最多的大概是买卖东西。在饭店吃饭、在商场购物等，如果留心的话，你会发现在买和卖的过程中，人们所进行的计算并总不像我们印象中的那样简单，并且有些问题还是挺复杂的。

买东西的数学

对于一般人来说，运用计算的场合最经常的就是买东西。日常生活中的购买一般需要简单的计算，主要是加减乘除，但是如果没有计算的基本功还真难以对付。现在的人从小就开始学习买东西，一个小学生，只要学会一般的课本上的数学，也足以应付这类的计算问题。简单的买东西，虽然也是数学，对一般人来说都不成问题。

除了简单的计算之外，买东西还有一个考虑性能价格比是否合算，以及讨价还价的问题。他考虑的问题要包括：商品对自己的用处、使用年限或商品的量、商品的性能和服务、品牌、价格，等等。这牵涉到很多数据，以及在这些数据基础上来选择最优方案的问题。从对商品的性能价格之间的比较，到做出购买决策的过程，实际上是人在头脑中进行的一个很复杂的计算过程。所以说买东西里边的数学并不像我们所感觉到的那样简单，一个人是否善于买东西，和他对数学的使用能力有关，这种能力是一个人理财能力的一部分。

如果是逛商场挑选商品，有时候是一个非常费时间和难以做出决定的问题。现实生活中的一个现象是：有些人，特别是很多女性在购买东西时会耗费很多时间，究其原因，固然有买东西对她们的生活来说，是一种生活享受等原因，在笔者看来还有在计算和决策方面的思维方式的原因。在对商品的选择上和价格的衡量上，她们不能快速地做出决策，也就是一个决策效率问题。

当然更使人头痛的是大宗物品的购买，这时候是需要一点数学上的技巧的。

如果没有一个清晰的数学头脑，复杂的数据就把人搞糊涂了，这时候可以用列表的方法来解决问题。

当然昂贵物品的购买决策，对生活中的收支平衡或个人的经济状况有重大的影响，更是一个大的问题。要求人们考虑得细致周到，数学方面的天赋更能派上用场。

买东西巧设计

如果你认为买东西很简单，那请看一下这个问题：

某商品每件 15000 元，如果分期付款，分 6 个月付清，但要加每月 3% 的利息。若用分期付款的办法买一件这种商品，平均每月应付多少元（不满 1 元的舍去不计）？这个问题如果不用数学手段，而只用生活中所使用的一般方法是很难解决的。如果列方程，这个问题就比较好办了。

解：设平均每月付 x 元，则自开始到付清所需付的本息合计为：

$15000+(15000-x)\times 0.03+(15000-2x)\times 0.03+(15000-3x)\times 0.03$

$+(15000-4x)\times 0.03+(15000-5x)\times 0.03$

$=15000(1+0.03\times 5)-(1+2+3+4+5)\times 0.03x$

$=17250-0.45x,$

$\therefore 6x=17250-0.45x, \quad x=2674$（元）。

即平均每月应付 2674 元。

当然生活中一般会选一个更好算的付款方式，不过这也可以看到数学的威力了，在生活中这样的问题还有很多，有时这类问题会挺难，如果自己不会解决，也没有高级参谋在旁边，那会是一个挺难受的事情，会阻碍自己的经济发展的。

出售东西的数学

一方面具体的卖东西时要进行准确的计算，在数据上不能老出差错，否则卖东西就有可能变成一次捐赠活动。另一方面该不该卖也是一个数学问题。特别是对于讨价还价的买卖，一定要抓住机会，快速地计算这个价位合适不合适，市场上时间就是金钱，该出手时就出手，否则后悔晚矣。

这样说来，在卖东西时，其实是有精妙的数学的，这种数学要求计算精确和快速，才能抓住机会果断成交。另外卖东西一般心中要有个底线，并根据情况调整这个底线。这个底线一般是根据市场行情，以及自己的东西的价值信息推算出来的。因此一种理智的计算商品价格的能力也是必要的。在数学的眼光来看的话，市场的行情有个预测的概率问题，出手价格是个求极大值的问题，具体规划卖东西的时机是个运筹学问题，还有其他数学问题。

城市上班族每个月有固定的收入，一般不怎么卖具体的东西。农村人有卖东西的习惯，将自己的劳动成果变成现金，这在农村实在是再常见不过了。卖东西的学问，也大着呢，选择合适的时机，去合适的集市，寻求合适的买主，以合适的价格卖出去，卖的时候对价位的掌握，这中间问题多着呢，会卖东西的人会多卖一些钱，他们这种善于盘算、会卖东西的能力，会通过他们的经济实力表现出来。积少成多，这可能就成了地主和贫农的区别。比方说农村里卖农产品，就经常有个如何才能更合算的问题。要卖出一批稻谷，就要考虑是卖稻谷合算，还是卖大米合算，算一笔账：

如果是卖 100 斤稻谷，按市价可得 61 元。如果卖大米，100 斤稻谷到碾米厂去碾，可得 68 斤大米，大米每斤 0.9 元，68 斤大米就有 61.2 元，除去碾米费两元，还可得 59.2 元。再加上糠 32 斤，每斤 0.15 元，就可得到 4.80 元，这样把 100 斤稻谷碾成大米来卖最后可得 64 元。因此还是卖大米合算。瞧这脑筋多转一个弯，就多出了三块钱的进项，这账不会算的话这 3 元钱可能不那么容易找回来吧。

从上面例子就可以看出卖东西中的数学问题了，同样的东西通过不同的方式可以卖出不同的价格来。这主要在于事先对市场行情的精准掌握，以及对各个环节精确的数学分析和计算。

第二节 买房买车如何支配资金最划算

人在生活中购买一般东西时，常常不作细致的考虑，但是有时候需要购买一些昂贵的商品，如买房子、买车等，就需要慎重考虑了，甚至这种考虑会是一个期待已久的漫长的过程。善于安排这种支出，既能明显地节约费用，又能使生活舒适。这种考虑的很多细节和数学有关系，这儿力图从数学的角度给读者提一些建议。

大额支出要谨慎

欲购一件昂贵物品，总要与家庭所有成员商量一下，根据自己家庭的现有积蓄、每月收入和日常衣食住行的开销，算一算该不该买。不必要的东西不要买，因为时过境迁，就会知道是一种浪费。可以召开家庭财务工作联席会议，当然，如果你是单身的话，这次大会只有你自己参加。每一个人畅所欲言，谈自己对这次有可能进行的支出的计算方法和结果，集思广益，从中找到最好的方法。

要考虑自己的资金实力，自己的信贷能力和自己抵御风险的能力。家庭成员的生活水准和紧急事件的应对，这些问题毕竟需要一定数额的资金能力作为保障，你要计算这个数额，并在保证这个数额的基础上考虑自己的购买。在心中还要有一旦碰到紧急情况的应对预案。购买有投资性购买和消费性购买，如果是消费性购买，则更应该谨慎，因为这种购买是不能创造新的价值的。

还要考虑一下退路，有很多购买是在一定诱惑下很容易就买进了。但是，在买进一种金额较大的商品前，有必要考虑一下将它卖出的容易程度。将车卖掉，意味着要损失一大笔钱，房产虽然有保值的效果，但一般在短时间内不能产生利益，而且要卖掉房产也是一桩很麻烦的事情。这些考虑得出的数据，也可以当作你进行综合考虑时的有价值的参考。

购买的时机也是一个很重要的问题，商品的价格的涨跌一般也有一定的季节性规律，对商品价格的未来走势，谁也不可能预期得绝对准确，但是根据以往的经验，可以进行判断，大概预测其未来涨跌情况的概率和幅度，从而对购买的时间做出决策。

卖家也会提供多种购买方式，自己可以根据自己的经济实力做出最适合自己的选择。如果是分期付款，最直接的问题是银行按揭到底贷多少年，获得的利益和支出的利息比最理想，这个问题的计算稍微复杂一些，要考虑怎么使支付的利息总数最低，而又不太多的影响你的生活计划。分期付款的压力既是前进的动力，又会使自己的生活增加艰难的程度，要看看自己是否能承受得住这个压力。

买一套房子的数学

生活需要房子，有些人是为了住而买房，有些人则是看准了大部分人的这个需要而炒房。需要住房子的人和炒房的人，加上谋求高额利润的房产商，这三者把房价闹得越来越高。现在房价相对于一般中国人的收入水平来说，真是个大数字，购买不能不慎重。

一般人得付出自己大半辈子心血才能买得起房子。一旦决定要购买房子，首先要考虑的应该是买房究竟意味着得到了什么，除了和生活偏好以及对住房质量和环境的要求相关的因素之外，我们最关注的大概是使用面积。狡猾的开发商总是为了使房价显得便宜一点而使用建筑面积这个词，这玩意其实对我们一点用没有，不过他们利用这个词，加上他们的计算方法和一套说法，有时候真把我们搞糊涂了。不过我们只要实地测量一下，用小学里学的计算面积的方法，就足以把他们的鬼话戳穿，而得到一个真正对自己有用的数字。这样自己就心中有数了，然后我们就可以大致计算每平方米使用面积的真实价格。还有，一旦购房带来的物业管理费等经常性的支出数据，也是自己应该有个明白的认识的。这些明白了，我们再综合其他因素进行权衡，选择最适合自己的房子。

从投资的角度来看，买房子是否合算，很多看起来像专家的人，都在从不同的角度给出自己的计算方法，这些人有些可能是房托儿，有些人是业余研究人士，有些则真的是专家，买房人大可以找一点这方面的资料看一看，不过不要被里面的数学吓着了。购买决策主要应取决于对未来房价涨幅的预期，价格的涨跌和社会心理环境密切相关，而在这方面人是不能做出精确的估计的，所以关于房子价格升高幅度的问题，你不能指望会有一个绝对正确的判断，即使做出预测，也是一个概率判断，这就意味着投资不管风险是大是小，总是有风险的。

费了很多脑子，看准了喜欢的房子，带着对钥匙的渴望，就进入了价格谈判阶段，这个阶段相当于踢足球的临门一脚阶段，你可能很累了，也得打起精神来。首先综合各种数据计算业主房子出手的价钱底线，作为谈判的心理基础，然后尽量将有说服力的数据运用到谈判之中。谈判在数学上看是一场博弈，只是不好用数学模型表达出来。你的目的是最低的房价，对方的目的是尽量不降价，所以你对谈判的设计也是非常重要的。具体谈价格时，你可不能让对方知道你对这套房子是必欲得之而后快，也要防止一不小心将对自己不利的信息露给对方，这时候你要抱着谁也别想占我便宜的态度，无视售楼小姐的巧舌如簧，发扬不见兔子不撒鹰的精神，尽量坚持自己的价格底线，将谈判变成一个以最低价位拿到住房钥匙的难忘过程。具体来说，要拿出与所谈房子相关的各种数据，通过合理的计算方法，计算出你认为双方都可以接受的价格，让开发商知道你在买房方面是比较精通的，不会轻易受骗上当。

买车之前需要"三思"

不同的人有不同的买车目标，有的人买车作为挣钱的工具，有人买车是为了工作和生活的方便，有人把车当成社会地位的标志，但是每个人都想用最低的价格买到最适合自己的车型。市场上的车的品牌和型号五花八门，使不少想买车的人吃不准该如何选择。

我们一般对买车的决策所使用到的计算方式是很简单的，只要在正确的数据基础上，用简单的方法，就可以做出是否买车和买什么车的抉择。因此为了买车要在取得各种数据上多下些功夫，这些数据有一些是感性的和舒适度方面的东西，有一些则可以得出具体的数字或可通过数字表现出来。为了得到这些数据，要安排一些步骤：倾听他人的意见、看有关资料、去车市看并体验车、具体的咨询有关问题，等等。

是否买车的判断需要的数据包括：

个人方面：经济实力，自己的需要，自己家人的偏好等。

车的质量和服务方面：动力性能、安全性能、车的配置、外观、内饰、舒适程度、品牌、服务等等。

购置方面：感兴趣的各种不同车型和经销商的价格、付款方式、在拿到车前的其他必须付费；卖方的服务和可信度等。

购买之后的有关数据：买了之后还要付养车费，包括保养、维修、保险、养路费、汽油等等费用，还必须有合适的地方停车，这又得有停车费。这些方面可以咨询一下他人，看看他们的养车费是多少，然后再根据自己的使用情况计算一下自己的费用的大致数据。

为了很明确地比较这些数据，你可以将你所选择的不同车型的数据，列成表格的形式。需要做出判断的问题主要包括：要买车吗？愿意花大约多少钱买车？相适应的自己喜欢的车型是什么？具体定下什么车型？通过什么渠道购买？付款方式是什么？

在作买车判断时可以和不买车作一下比较，将自己多花的费用和给自己带来的方便相比较，看看自己愿意作什么选择。不要忽略一些小的数据或问题，有些事情好像是个小事情，但也应该成为决策是否买车的重要依据，如没有合适的停车位，你的汽车安全就很难保障，保不准被刮被擦或者被偷，那么还是缓一缓再买车吧。　当然有些不是特别重要的数据也不要太计较，比方说车的有些配置，东西多并不意味着就一定好，如果是用不着的东西价值也不大。配置多了，要修理的东西也多了，可能增加养车费用。

通过在上面的一系列数据基础上的比较，你可以得出大致的判断，其中最复杂的需要数学计算的问题，大概就是购车费用和付款方式方面了，这也是很简单的数学问题，这也说明生活中的数学常常并不复杂，只是需要考虑的数据非常多而已，自己只要不怕麻烦就是很容易解决的。

买车的感觉很好，但是过上三年两年，你或许就厌烦了，想换一辆新车，也有一些车主一段时间后会因为其他原因而将车卖掉，所以在买车时考虑一下车的保值因素还是很有必要的。在汽车消费十分成熟的欧美国家，保值率早已成为选购汽车的重要指标之一。所谓保值率，指的是某种车型在使用一段时期后的易手价格与原始购买价格的比率。车的保值率取决于汽车的性能、价格、可靠性、配件价格及维修便捷程度等多项因素，就我国目前市场来看，夏利、桑塔纳、捷达等老品牌保值效果还是挺好的。对于在几款新车中拿不定主意买哪款的消费者来说，可以去了解一下旧车市场的行情，研究一下自己喜欢的车型哪一种保值率最高，也许这儿的信息有助于你买一款最中意的新车。

第三节 日常生活中的收支平衡

人要想过幸福快乐的生活，就必须具备驾驭生活的理财能力，使有限的资金或资源得到最合理的分配。对于普通老百姓来说，过日子要精打细算，善于处理日常生活中的收支平衡，是家庭健康发展的基础。

数学进入理财

现代家庭中的理财，经办的具体事项包括计划家庭开支、零花钱的分配、记账、交纳税款、去银行存取款、处理家中突发的意外情况，等等。有些人的家庭没有什么账目，这是传统的中国经济体制下，一般中国家庭的特征。但是现在市场经济了，家庭的收入和开支也多起来了，为了更好地管理家庭的收支，还是立一个账目比较好。

从立账目开始，可以说这种理财就进入了数学之门。数学的精神要求在管理账目时要做到账目清楚、收支平衡，好的平衡手段还能帮你节省下一笔钱。为了更好地处理生活中的收支情况，数学可以帮你制定一个预算，因此应养成比较好的数学习惯，包括：

1. 全面的考虑家庭的所有情况。

2. 记录并保存你的固定开销和每天购物的记录，记录会显示你的消费失误，使你有机会亡羊补牢。

3. 用数字具体评价你的记录。客观地评价将帮助你制定现实的预算基准。

俗话说，"不当家不知道柴米贵"，你可能曾经是一个花钱如流水的人，但是通过清楚的数据和计算，你会知道为了达到自己的财富目标，自己应该做一个精打细算的人。当然，管账也可以讲一点家庭民主，比如说管理家庭收支账目，还可以让小孩子锻炼一下，这一方面有助于他们养成善于思考的习惯，以及运用他们学到的数学，另外也可以让他们领会生活的艰辛，培养理性消费的习惯。

眼睛盯住一串数字

眼睛不盯着一个数字，在具体的事情面前就不能做到"心中有数"。你一定不会将自己的发财大计看成是一个数字游戏，但在笔者看来，就是一个数字游戏。且听我说为什么是数字游戏。

眼睛盯着数字才会有力量，使你的心产生动力的往往不是具体的目标，而是和数字有关的，以及数字的增加。你不相信这个看法吗？那么你看一下比如电子游戏之类，这类游戏常常会有积分的标准来衡量游戏者的成绩。而对于游戏者来说，积分的增加会对心灵有吸引力，会对游戏上瘾的，会在行为深处产生动力。葛朗台式的人物不会成为大多数人的心中偶像，但是要知道这老头儿为什么会有很多钱。他并不是为了使用金钱才去捞那么多的钱，而是钱这种符号的增值是他玩的迷人的游戏。你可以尝试把你的发财大计设计成游戏的形式试试。

有了具体的数字目标能使你产生必要的思考过程，它将激发你找到一个方法来完成它：投资需要事前的认真考虑，不是事后产生的想法。做个美梦是容易的，但是，空的腰包不能将梦变成现实，这也可以改变。现在就开始关注你为什么存钱。存钱不是最终目的，你现在花掉的钱与你以后要花的钱有着本质的区别，后者常被称作是储蓄。这些画在纸上的目标会增加你存钱的动力。

存钱是为了实现你的目标，你是想拥有一个家？换一所大点儿的房子？买一辆车？为了你的宝宝？还是打算读书深造？或去投资？你固然可以把目标统统写下来，然后贴在冰箱上、厨房门上、餐桌上等任何你会经常看到的地方，提醒你时常想起你的目标。但你如不把他们变成具体的数字，则难以使你的这种使收入增加的数字计算变成现实。

编制聪明的预算

预算的主要目的是为了合理开支、进行理性消费。预算是在你花钱之前制定的，把资金重新做了分配，并且对你的消费进行强有力的约束。在预算中，每个月的固定的或者是不断增加的存款是一个非常重要的项目，是你达到预算目的的一个重要保证。因此，除了意外的超出预算的开支外，一定按预定数量进行存款。

这是一个竞争激烈的时代，企业缩减支出、工资薪酬停滞是常见的。因此对工薪人士来说，如果"开源"的工作有困难，那么在预算中就要考虑有计划的消费，从"节流"做起，对所能允许的家庭花销进行精心设计。利用这一新准则来划分消费次序：把钱用在重要的地方，在不重要的方面削减开支。其实聪明消费很简单，选对时节购物、货比三家不吃亏、克制购物欲望，以及避免滥刷信用卡、举债度日等，都是可以掌握的原则。在方法上可针对每月、每季、每年可能的花费编列预算，据此再分配各项支出在收入中所占的比例，避免将手边现金漫无目的地消费。

数字很现实，必须符合数字的要求才能达到你的预算目标。对预算的执行能力，表现为对自己的行为的控制，通过对消费的理性控制，可以避免乱花钱。最好养成记账的习惯，定期检查自己的收支情况，并适时调整。如果你发现固定的开支（租金／抵押、公用事业、保险、运输）消耗你的资金太多，你需要果断制定新的预算，为此要调整你的生活方式：搬到便宜一点的房子居住，买便宜的汽车，打电话时尽量缩短谈话时间、甚至不得不戒掉烟酒等不良嗜好。如果你的固定开支已被控制住了，再来评价你的个人消费。你的娱乐和日常购买在资金使用上有点儿奢侈吗？试着缩减你的奢侈娱乐花费和各式购物消费。这种类型的削减能为你的目标提供大量现金，使你有能力把一定比例的收入存入存款。

形成新的思考模式和行为习惯

不论多么精妙的设计，靠这种设计本身都不能实现理财目标。心中的财富数字需要具体的行为去实现。在计划一个行动的时候，要为自己的考虑增加一个前提，比如是买一件东西或在进行一次娱乐消费，在进行取舍时，首先要考虑自己的预算的要求，如果不是特殊的情况，超过了这个预算的行为，都应该是在禁止之列的。

一个人是否善于理财其实和他在生活中形成的生活方式有很大关系，这种生活方式里，有他的思考问题的方式和他的行为习惯。所谓的理财技巧，不过是来源于人的思考模式和行为习惯。人并不在所有的时候都是理性的人，比方说，一个吸毒成瘾的人是不会因为计划不再吸毒而不去吸毒的；一个上网游戏成瘾的人，也不会因为认为过多的上网有害健康，计划暂时不再上网而不去上网。所以说，预算是预算，人的有些消费习惯是难以改变的。所以很多教人理财的方法，虽然看起来很巧妙，但是却常常收效甚微。

改变人的思考模式和行为习惯，是一种自内而外的自身修养过程，是提高人的理财能力的根本之道。思考方式的形成是一种长期的积累的过程；行为习惯也是这样，所以为了执行自己的预算，一个有着不良消费习惯的人，在个人习惯方面要费力气谋求改变。在思考方式方面，数学训练为人们提供了一个严谨和全面地看待问题的模式，这种模式用到生活中的消费决策上，会使人的决策趋于理性化。

财富增长的数字游戏

人的经济实力是由人在不同时间段的收支情况积累而形成的。有钱的秘诀之一，就是养成一种存钱的习惯。我们惊讶地发现一个有趣规律，就是不好的习惯很容易就在不知不觉中养成了，比如抽烟、饮酒等，而一种好的习惯的养成却总是不那么容易。考虑一下电脑游戏的兴趣形成，我们之所以那么容易就产生对它们的兴趣，原因之一在于程序设计高手对于游戏的设计，而这种设计又正好把握住了我们大多数人的心理。那么我们能不能设计出一种方案来，使我们养成存钱的兴趣呢？

首先可以尝试把你的预算中的存钱数额，设计成一个等差级数的形式，当然差额要小一些，不要在短时间内给自己造成太大的负担，而影响到你的基本生活，比方说，将每个月的存钱数额，设计成 1000、1050、1100、1150……的形式，数额的增长，也象征着自己理财技巧和工作能力的增长。那么，坚持下来好像也不太难，存 1000 元钱多一点也没什么了不起的，但过了一定的时间，自己的月入就相当可观了，比如在 5 年之后，自己每个月就能存上 4000 元了，这当然还要以自己的实力的增长为基础。也可以发挥想象力和数学的技巧设计成其他形式，例如每月存款额增长 5% 的形式，主要根据自己的兴趣而定。这种设计方式，也给自己以压力去增长自己的能力，成为不断鞭策自己前进的很有趣的一种数字力量。

只是设计要现实，设计成等比数列 1、2、4、8、16、32……的形式，虽然开始的几个月数字很小，不费吹灰之力就能实现，但增长到一定的程度，就是用吹牛之力也难以保持连续的实现数字目标了。当然为了实现自己的目标，还意味着对自己有更多的要求，比如不能让自己手里边有太多的现款，不要过多的光顾花钱场所等，不好的习惯最好是不要开始，因为你一旦开始了，养成习惯就很难改变了。

第四节 不同的人有不同的小算盘

在所有的生物中，人是最聪明的。这种聪明的一个表现是：人在碰到事情时会进行盘算。不同的人打的算盘又不一样，在同样的环境下，不同的人有可能做出不同的决策，所以人才会有不同的生活状况。

加薪的学问

据说在美国广为流传着这样一道数学游戏题："老板给你两个加工资的方案。一是每个年度结束时加 1000 元作为工资；二是每半年结束时加 300 元。请选一种。"一般不擅数学的，很容易选择前者：因为凭感觉认为一年加 1000 元总比两个半年共加 600 元要多。其实，由于加工资是累计的，时间稍长，往往第二种方案更有利。例如，在第二个年度结束时，依第一种方案可以加得 1000 + 2000 = 3000 元。而第二种方案在第一年加得 300 + 600 元，第二年加得 900 + 1200 = 2100 元，总数也是 3000 元。但到第三年，第一方案可得 1000 + 2000 + 3000 = 6000 元，而第二方案则为 300 + 600 + 900 + 1200 + 1500 + 1800 = 6300 元，比第一方案多了 300 元。到第四年、第五年会更多。因此，你若会在该公司干三年以上，则应选择第二方案。

这个数学题把一个人解数学题的能力和他将会取得的经济利益连起来了。可以推断，生活中这样的问题一般不会出现，但另外的我们所没有注意的问题，在生活中会要求我们回答各种问题和进行各种选择，我们回答和选择的结果，除了决定着我们的经济收入的增长或减少外，还影响到今后人生的发展。

不同的人对同样的问题反应不一样，是因为人和人不一样，不同的人有不同的小算盘，这个小算盘指的是人的思考方式。有些人偏重于感性，在理性的计算方面欠缺思考的能力与技巧；而有些人则善于应付这样的问题。会不会打小算盘很重要，计算机的运算速度更快的话会更值钱，小算盘算得精，则意味着人更会精打细算，更能实现目标。

鲁迅先生有一段很有名的话："然而穷人决无开交易所折本的懊恼，煤油大王那会知道北京捡煤渣老婆子身受的酸辛，饥区的灾民，大约总不去种兰花，像阔人的老太爷一样，贾府上的焦大，也不爱林妹妹的。"这话除了众所周知的意思之外，稍加分析也可以看到不同的思维方式对人的生活和命运的影响。有些人在经济上很成功，有些人则生活在贫穷的边沿，或就在贫穷的泥潭里挣扎，这除了社会大环境的原因之外，主要还是一个思考方式的问题。

没有一个好的思考方式，肯定不会有持续的有价值的行动，思维方式在塑造人的命运方面的根本作用是不言而喻的。以上加薪的例子告诉我们：理性的思考可以保证选择的正确。在生活中面临各种各样选择时，必要的时候要发挥数学头脑进行细致的思考，不要只看眼前。

思考方式因人而异

不同的人有不同的个性，同样是人，有的人喜欢思考，有的人不喜欢思考，同样是思考，有的人的思考符合理性，有的人的思考不符合理性，同样的是具有理性思考能力，有的人善于在生活中运用它，有的人经常不在生活中运用它。所以应对环境的变化，不同的人可以做出不同的反应。试想一下，一个企业家和一个普通人相比，在处理和经济有关的问题时，会有自己的思维方面的特点的，而每个人的个人生活和事业发展，也是人的思维方式加上其他因素长期积累的结果。

由于每个人的小算盘的算法不同，人们做事的方式就各有千秋。比如，国家进行宏观调控，曾采取了降息的策略，手中有余钱的人，有的是："你降息，我炒股，谁也别想做谁主。"有的人则是"你降你的息，我做我的生意。"在个人投资方面，据有些人的研究，不同性格的人其投资风格也不同。敢冒风险的人投资股票，相当稳重的人投资国债，脚踏实地的人投资房地产，信心坚定的人选择定期储蓄，井然有序的人投资收藏，百折不挠的人搞期货，富于幻想的人则喜欢去打造一个盈利的企业。也正是这些思维方式的不同，决定着人在经济领域会有不同的表现。

当然也并不是说弄潮经济就不需要感性，但是感性常常是不准确的，理性地看待经济现象的能力和感性结合起来，其力量就放大了。

做理智的消费者

在经济的把握方面，一个人如果能取长补短，改变自己的思维模式，养成善于算计的习惯，则对自己的经济实力的提高会大有裨益。

从消费的角度来看，消费有两个心理侧面：一个是自己的购物习惯和欲望，一个是自己的理智侧面。许多人是无意识的消费者，他们不使用自己的计算能力，或者是在他们的计算方式中忽略了一些重要的东西，出于习惯他们每天买相同的东西，或是凭一时兴起购物，他们的计算主要是集中在商品本身和自己的偏好，而不是从自己的经济状况考虑做全面的打算，因此，对于这些人来说，在经济上陷入困境是很正常的。

有些人是理智的消费者，他们将自己的经济行为限制在计算的框架内，他们有经济方面的计划，或者是有明确的预算，然后他们能严格执行自己的计划或预算。他们的小算盘在账目上打得更精一些，他们根据自己的经济实力和对未来生活的考虑，来决定自己的购买行为。在购买东西时的思路是这样的，我真的需要这件东西吗？这项花销会不会影响我的下一步的经济计划？购买带来的利益相对于付出的代价是否合适？我为了购买这件东西，应该采取什么策略？

一个人如果能做一个理智的消费者，他就会倾向于用理智的眼光来看待其他的经济问题，他的思维方式就是目光长远的、积极进取的。这种算计的习惯和技巧，将使他迈向成功的脚步更加稳健有力。

第五节 从数学角度看企业家的思维

李嘉诚说，生意的本质即"低买高卖"。也就是说，生意的成功程度取决于买和卖之间的差到底有多大。这当然不是说做生意只要会做减法就行了，而是做生意从基本道理上来说很简单。具体地说就是：一手抓好市场，实现高卖，一手抓好产品和成本，实现低买。这以外的，都只是过程和手段。

做买卖的数学

企业运营千头万绪，但都离不开买和卖，所以通俗的说法在中国就是"做买卖"。做买卖离不开计算，做买卖中的运算不仅仅是加减法，更是一种混合运算。做买卖的人要考虑和计算盈利、工资、成本、损耗、税收、资金周转速度、资金预算等等必须使用数学的财务问题，用数学方法来研究财务问题，已经成了一个专门的学问——会计学。当然做买卖还有很多管理和理财的问题，比单纯的买东西和卖东西都要复杂得多。

对于做买卖的人来说，一笔反应财务收支的账是非常重要的，虽然财务工作也计算机化了，但是仍然有很多具体的财务问题，必须利用数学手段进行人工的计算。为了处理卖东西时候的繁杂的计算问题，现在稍微大一些的超市或商店都已经在用收款机了，将复杂的容易出错的计算，变成了一件轻松的收钱的工作。但仍可以发现很多问题还是得人自己来考虑的，比如商品的定价，定价过高会影响销售，定价过低会影响单件商品的利润。一种商品应如何定价，这个问题可以从数学的角度来进行思考。看下面这个问题：

水果店购进 4000 千克苹果，每千克进价 1.8 元。付出运费、税款和其他开支共 820 元。又预计运输损耗占总数的 1%。要使出售后能获盈利 15%，每千克苹果的零售价格至少应是多少元？

解：进价及其他开支总额：

$1.8 \times 4000 + 820 = 8020$（元）

预计销售总额：$8020 \times (1 + 15\%) = 9223$（元）

去掉运输损耗后实际销售价应至少是：

$9223 \div [4000 \times (1 - 1\%)] \approx 2.33$（元）

结论是每千克苹果的售价至少应是 2.33 元，这类数学问题在一个企业的运营中要具体面对的还有很多。还有很多问题，在我们一般人的眼光看和数学没有什么关系，实质上也是数学问题。

企业问题和解决之道

企业家面对的问题是，如何将自己手上能控制的资源进行最优配置，通过一系列的管理手段，拿出最低成本的产品和服务，并通过营销活动来赚到尽可能多的钱？解决这个问题需要拿出一整套的方案来。首先需要考虑市场对企业产品和服务的需求问题。这是对市场的预测，可以看成概率统计问题，需要收集市场信息并进行加工和提炼，这是统计学；在有限的数据的基础上，做出对市场需求的可能性判断，这是概率论。所谓市场洞察力，其实包含着数学推理能力。

在市场预测的基础上，企业家要进行决策，明确发展方向，制定计划和进行具体运作方面的安排，这是运筹学问题。这里的运筹学，不像数学学习中的运筹学主要局限于纸上作业，而是更看重将计划变成行动的能力。企业家的计划之中又有计划，实现每一个目标又有很多步骤，可以说是一个环节又一个环节，环环相扣，再加上企业所面对的社会环境的复杂多变，使得这个运筹学问题很不简单。按照现代数学发展的状况，对企业家的这个问题，还远远不能提出完美的数学模型来进行有效的解决，但是对一些具体的枝节问题，运用数学的方法是有助于找到最好的答案的。

　　有心的读者可以研究一下现代很多企业家的历史和背景，就会看到笔者的看法不无道理。新时代的企业家很多人都是大学毕业，且在大学学的是理工科，学过高等数学，毕业后从事技术工作，然后自办公司创业。这些企业家在校园中所进行的数学课程的学习，以及在学习其他学科时运用数学工具的训练，会有力的影响到他们思考问题的方式，从而成为他们驰骋商界的助跑器。

　　企业家的解决方案的价值在于它们所达到的最终结果。对一般生产性的企业来说，设备方面的成本是一个制约企业发展的瓶颈。在使企业生产成本达到最优这个问题上，格兰仕微波炉的解决方案，是将这道数学题做得很漂亮的一个例子。

　　格兰仕微波炉的生产线是别人的，所以它没有固定资产折旧。为什么它能够把别人的生产线免费拿过来呢？这是它跟外商谈判合作的结果，谈判的筹码包含一个简单的数学比较运算：外商的生产线放到欧美国家，每生产一台微波炉成本是多少？而放在中国大陆，即使加上生产线的固定资产折旧，生产一台微波炉的成本又是多少？将这个数学题目一算，外商心动了。当格兰仕把生产线移到中国大陆以后，利用中国的廉价劳动力和地皮，把一部分的生产线留给外商贴牌，一部分生产线则免费留给自己用于内销。这样它就做到了生产出来的微波炉没有固定资产折旧。市场的开拓加上外销的推动，格兰仕微波炉的销量上去了，这又使采购上了规模，规模化的采购降低了采购的成本，从而增强了产品的价格竞争能力，为企业高额的市场增长奠定了基础。

企业家的思考逻辑

　　一个企业之所以能不断发展壮大，和企业领导人的思维模式有很大关系。企业家关于企业发展的思考可以看成是在做数学题，这是一个什么样的数学题？求最大值的问题，即效益最大化。市场对于企业家在思考上的要求有时是很严格的，特别是对于初创的企业来说，企业抵抗风险的能力低，一次重大的决策常常关乎企业的存亡。因此，企业的决策，有时候要求精确，出不得半点差错，这有点像做数学题，错了一步，就全错了。

　　企业家决策的过程有时候是在做选择题，找出最优方案是在 A、B、C、

D 中进行单项选择，很多时候分不出哪是最优方案，比如营销、策划、广告，可能现在看不出哪一种更好，这时就会有选择的困惑。另外一种可能是企业家也会做多项选择题，因为有些方案比较起来是各有特长，每一种方案都挺好，都值得一试。

企业家在进行决策以后，并不是就会一劳永逸了，还得根据新的市场情况调整自己的决策，或者做出新的决策。从这个角度看，企业家的活动，像是在自己和市场之间进行的一场博弈。博弈论是一个很活跃的数学分支，由美籍匈牙利人冯·诺伊曼等在 40 年代建立，数学家纳什就是因为在博弈论方面提出了"纳什均衡"的理论而获得诺贝尔经济学奖的。拿下棋比喻企业家的活动，有的看棋能看三四步，高手则能看五六步，绝顶高手则看得更远。

企业家进行决策的思维程序中有严密的推理，这种推理在逻辑上就是数学中的证明。所有的决策后边都有一个思考和追问为什么的过程，当一个为什么问完了，又会有第二个、第三个，直到最后，所有的问题形成"推理链"，结果自然也就出来了。问为什么是一种刨根问底方面的能力，是在挖掘证据，证据是做事的根据。通过问为什么，许多认为成熟的思考会漏洞百出，这推动企业家反复思考，直到找到真正满意的结果。

企业家谈工作的过程基本上就是讨论问题以及问题解决方案，并对有关事项做出安排的过程。当然由于问题的难度和重要性，企业家会经常将一些难题作为皮球踢给他的下属，这表现为鼓励大家提出问题和解决方案，并鞭策那些不思考的企业员工。

显然除了做数学题之外，企业家的工作还有更为丰富的内容，比方在处理和企业内以及企业外的人事关系方面的事情，以及在激励员工的工作精神方面，等等，但是这些不是本书要讨论的问题。

管理模式和数学模型

历史学家黄仁宇说过，这个国家什么时候用数字管理，什么时候就现代化了。

在经济领域更需要用数字说话，可以说只讲结果。许多看似复杂，众说纷纭的管理模式、营销模式和经济现象，只要用精确的数字的方式做出表述，人们也就心知肚明了。在这个意义上说，数字帮助企业人士明了目标，目标的存在也为人的行为提供了动力。

近年来，鼎鼎大名的企业家杰克·韦尔奇多次宣扬"6 西格码模式"，表述的方式也是用数学的语言。西格码原文为希腊字母 Σ，学过概率统计的人都知道其含义为标准偏差。"6 西格码"即为 6 倍标准差，在质量上表示每百万次品率少于 3.4 。"6 西格码"的含义并不简单地是指上述这些内容，而是代表的一整套管理模式。这种模式应用于企业运作流程，意味着在每百万个机会当中使缺陷或失误减少到尽量低的程度，从而降低企业的运营成本和产品竞争能力。

把数学的思想运用于企业的管理，会带来企业管理上的重大变革，一个例子是在企业管理数量化方面，很多大型企业耗巨资引进了 ERP 软件，ERP 所涉及的内容，简单讲就是一个企业资源规划。ERP 软件是对企业的资源管理，例如物料、设备、资金、人力资源等，在这些方面进行精确的规划，这些和数学规划等数学分支有关。当然这些和数学有关的侧面，在企业管理中还要和一些非数学的东西结合起来，才能取得好的效果。比如一些企业老总认为上了 ERP 软件后，企业信息化已经全部搞完，其实不然。运用 ERP，无法进行柔性的社会关系方面的处理，要最有效地实现企业的管理目标，就得将企业文化和 ERP 应用结合起来。

第六节 证券买卖的数学思维

近年来，在中国证券业逐渐发展起来，很多人将自己手里的闲置资金拿到证券买卖上来。证券特别是股票所代表的数字似乎具有符号的魔力，吸引了很多人的参与，有些人尝到了甜头，有些人则受到了损失，这一切的原因是什么？我们不妨用数学的严谨的目光追寻一下其运行的机制。

运气和概率

对于美国证券业内人士来说，1987 年 10 月 19 日是个特殊的日子，这一天结束了美国股市长达 5 年的好光景，一些经验丰富的交易员都难逃劫难，从此离开了股市。一位年轻交易员塔勒波却成功地度过了那场股灾，他认为他的逃脱很大的原因在于他的运气。塔勒波有数学特长，从十几岁就对概率问题产生了浓厚的兴趣，他后来成为纽约大学库朗数学研究所的兼职教授，还创办了一家对冲基金管理公司，成为美国证券业知名人士。这次股市风暴的经验，启示他对人的运气作更深入的思考，他后来写了一本和数学有关的谈运气的书，在书中他揭示了人在认识上容易产生的"幸存者认识偏差"。

人类在认识上的局限性使人常常不能理解概率现象，或者总是低估随机性的作用，这使人对于随机现象不能很好地适应。幸存者认识偏差来源于人们对概率事件的不正确认识，有时候能否成功是一种概率事件，成功了则是一种运气，但是生活中的人们错把运气当成必然，并因此对成功的原因形成一种歪曲的看法。运气在证券市场中起着重要的作用，但是人们总是过低地估计了运气的随机方面，忍不住想对运气做出必然性的解释，这就形成了种种迷信。由于证券市场的复杂性，要想对所有的影响市场走势的因素都进行精确的了解，并找出一个万能的公式来精确地估计市场的趋势是不可能的。各种各样的分析方法，都是一种在假设基础上的对市场的预测，预测能否变成现实则是随机性的，如果事实符合了人的预测，则带有一定的运气因素，但是人们的看法总是倾向于认为是掌握了一种好的预测方法，这就是产生了幸存者认识偏差。一种方法不管多频繁地获得成功，但如果失败一次的代价太沉重，它最终就是有害的了，这是由人过分地偏心它造成的。这可以解释有些活跃的证券业人士在连续多年的优异表现以后为什么突然破产。

当事后诸葛亮容易，预测未来就难了。股市的特点是投机性强，利用技术分析手段进行短线操作的人比较多，技术分析主要包括形态分析、K线理论、趋势理论、道氏理论、波浪理论、江恩理论、指标分析等等，其数量如过江之鲫。大部分技术分析理论在作为预测方法时都曾经有成功的时候，但对它们过于相信则是一种"幸存者认识偏差"，错把运气当成了理论的力量。比如形态分析和K线理论的一些典型形态，虽然在头或顶的时候都明显的符合，但纵观整个历史数据，正确率有些研究者认为也就是在30%。当然随着经验的积累，很多股民也对这些技术分析的手段有较客观的认识了，在研究股票时开始较多的关注影响上市公司发展的各种指标，对股票进行基础分析，但是一些人忽略了一个事实：基础分析也存在着不确定性，一样是概率性推论，一样是基于不可靠的假设。所以对任何过去赖以成功的分析方法，都要意识到其风险性。在具体的操作中要理性对待。

股市投机与博弈

做股票一是靠投资分红利，一是靠投机得到差价。投机可以看成博弈行为，可以成为博弈论的研究对象。在博弈论的理论中，根据所采用的假设不同分为合作博弈理论和非合作博弈理论。经济学家谈到的博弈论主要指的是非合作博弈，非合作博弈理论主要研究人们在利益相互影响的局势中如何选择策略使得自己的收益最大，即策略选择问题。博弈论作为一种理论，一般不是产生直接具体的影响，而是为思维提供理论指导，进而可以影响人的思想和决策。

股市就是一个活跃异常、随机性很强的博弈场所。博弈论的基本前提为：某人或某物的行为效果如何，有赖于他人或他物的行为。在股市中，每个人的对策都是以对股票走势的预期为基础，但是股票的走势受所有参与对局者的影响。这似乎使股票交易成了参与人数最多，在世界上最复杂的博弈游戏。博弈参与者，则是道高一尺魔高一丈，各使手段，相互斗法。股市中有庄家、大户、散户之间的博弈，有控股股东间的博弈，有上市公司和投资人之间的博弈，有市场多种力量间的博弈。

股市中可以时常听到有关零和博弈的说法，零和博弈指博弈参与各方中，任何一方的获益，即是其他方的损失，博弈参与各方的得失总和为零。从这个零和博弈的基本原则出发，可以看到，如果想在零和游戏规则的股市中赢利，那么投资者入市之前应该做出最恰当的决策，否则，自己就很可能成为别人的"盘中餐"。不同的决策会导致不同的结局，股市中的各方力量都在不断地做局，同时他们也是局中之人，也有当局者迷的时候。博弈场中，没有必胜的法则，强中更有强中手，要有心理准备在失败中学习，才能提高自己的操作水平。

博弈的视觉使人看到了股市投机的复杂性，影响股市的因素不仅有政策、上市企业的经营状态等因素，还和人的心理因素和决策方式密切相关。这种复杂性使人无法获得决策所需的所有信息，即使能获得所有信息，人也无法实现充分思考和判断，因为我们能力有限，而且面临时间压力，不可能无限制地周全思考一个问题的全部复杂关系及行动后果。这也是各种分析方法都不完美的原因之一。

证券分析方法和数学

证券买卖给大多数人的教训是，要看懂行情再下手，但是利用数学的方法能把行情看得更准吗？多数人似乎在社会方面的事务中不能看到数学的力量，而证券买卖似乎是这所有的问题中最难的。一个数学家来炒股也会有一种难以措手的感觉，因为前提条件不明，数据很不充分，很多数据不精确，知道得很清楚的数据也难保不是别人放出的烟幕弹。更令人为难的是根本没有能真正解决问题的数学公式，好像数学在这方面就一点也不灵了似的。

那么数学就无用武之地了吗？预测依靠推理，推理得有正确的方法，数学中的严格的证明方法，可以使人养成严谨的推理习惯。对股市行情的预测必须借助于对数据的分析，来把握其数量变化。对数量变化的研究，在数学中有非常成熟的方法，不断完善的现代数学，也在为经济和社会现象提供研究手段，数学在经济学中的广泛应用就是一个例子。预测股票这个难题，一个善于解各种数学题的人，可能更能找到办法，在数学学习中对付难题的练习，会有助于在股市上的判断，有些股票高手，是自己提出一种方法，通过特定的计算过程来协助自己做出判断的。一个杰出代表是具有传奇色彩的美国投机家江恩，据说通过十余年的研究，研究股市的运行法则，创造了以数学理论作为基础的证券操作方法，结果纵横投机市场达45年，总共赚取了5000多万美元，相当于现在的5亿多美元。可惜的是一种分析方法的成功和它的市场背景和运气因素也关系很大，他的这套方法，他人在运用时却经常失灵。

现在也有很多人尝试建立数学模型，用计算机方法处理有关数据，得到股市决策的参考数据，这就是股市分析软件的原理。但是数学毕竟只是工具，它解决现实问题的准确性取决于是否能合理的建立数学模型，以及一系列的初始数据的准确性。对于活生生的证券投资与投机群体，我们不能光靠计算机数据来分析和说明其投资与投机心理，而只能把定量分析作为必需的、辅助的重要方法手段，但其作用是有一定限度的，因为"数学是很好的仆人，而不是主人"。

还应该看到，证券分析的难点在于寻找更好的分析模式，而不在于数学计算。一些投机大师所使用的数学也就是很简单的数学，比如"股票大王"巴菲特做企业分析大概加减乘除就行了，算算复利回报什么的最多也就是乘方开方。另外，数学的发展也没有达到完善的地步，能很好地应用于证券投资分析的数学基础或许还没有发展出来,经济学家熊彼特说过:"不要拿着玩具式的步枪(指定量模型)跳进实战的战壕。"在现阶段,靠数学模型来解释和预测证券走势还不能令人满意的解决问题。

第七节 投资需要数学头脑

看着自己的钱一点一点增多是·个非常有趣的事情。同样是人,有的人的投资很成功,有的人却很糟糕,是哪些个人因素在影响着人的投资行为,并进而决定着人在投资领域里的不同表现呢?这是一个人们关心的问题,也是一个令人困惑的问题。

直觉和理性

成功的投资者自然少不了命运的关照,但是单靠运气是不足以解释投资领域众多成功人士的辉煌业绩的。就像不同的人会有不同的人生一样,除了运气的因素之外,人善于把握自己也是很重要的,市场自有他自己的规律,有些人更能够洞悉这种规律,做出好的判断。

人们在生活中的很多判断是靠直觉的,但是直觉也常常犯错误,在复杂的事情面前尤其如此,当自己的直觉不够用的时候,人每每还要借助于理性的分析,最后,一个决策的思维过程常常是既有直觉的因素,又有理性的因素。

有些成功的投资者把自己的成功主要归因于一种神奇的直觉,比如被华尔街誉为神童的罗杰斯就坦率地说:"我从不相信金融工程和数学分析,甚至不看研究报告,我凭借的就是自己的直觉。"但是相信自己的第六感觉的投资大师们,恐怕也不得不常常乞援于账簿或电脑中的数字。我们再来看看他们的这种直觉到底是什么。一个交易商如果较长时间观察、分析市场,在它的大脑中可能就会养成一些思维习惯。在面对具体情况时,眼前的市场走势可能激发了他们大脑中的习惯化的思维,使他们快速做出决策,而这种决策可能是在潜意识中发生的,他自己不一定意识到。所以他们的决策看似靠直觉产生,实则仍有理性分析为依据。

在数学上要建立体系，必须依赖于在公理基础上的推理，而公理是人的直觉。在投资方面也是如此，投资的理性分析也要依赖于某些基本的直觉判断，比如管理因素、利率因素、企业的前景对经济效益的影响力等都是人的直觉。

理性是一种科学的东西，它能让人避开人的直觉的弱点，更好地看到事情发展的趋势。数学是人的理性的最好工具，数学对于投资的重要性的一个经典的例子是美国的数学家兼投资大师詹姆斯·西蒙斯。他的第一个职业是数学教授，在麻省理工学院和哈佛大学任教。他曾和他人发现了称之为 Chern-Simons 的几何定律，这条定律成为理论物理学的重要工具。他还管理着 50 亿美元的对冲基金，该基金自 1988 年成立以来年均回报率高达 34%，在业内傲视群雄。这个回报率已经扣除了 5% 的资产管理费以及 44% 的投资收益分成。他聘请的人包括数学、物理等方面的专家，西蒙斯等人正是应用数学和计算机作为数据分析手段来建立他们的交易模型的。当然这也不是特殊现象，很多投资机构和个人投资者都在借助于能够帮助分析市场走向的软件和数学模型。

投资用到的数学基础知识

虽然数学可以成为投资分析的有力工具，但是投资也未必一定需要高深的数学。在证券投资方面，价值投资之父本杰明·格雷厄姆在其名著《证券分析》中写道："我认为证券分析使用的分析工具不应超过算术，任何投资决策也许使用一点代数就足够了。"公认的世界上最伟大的投资大师，他的学生巴菲特在评价企业时用的也就是一些专门的数学计算和会计技能，这在数学上很简单，他的成功更重要的是来源于他的推理方式，在《财富》杂志上的一篇文章里有人这样谈到他："巴菲特的大脑是一台超级推理机器。因为他发音清晰、表达力强，你可以看到那个大脑在运转。"这种推理方式，在数学推理中是可以经常看到的。具有启发意义的是巴菲特本人在年少时候也是一个数学天才。

究竟数学知识在投资中的含量有多高呢？股票使用的数学算是比较复杂的了，看盘、看 K 线图都包含一定的数学知识。K 线图实际就是以时间为自变量的一种函数图像，只是其影响参数较多，变化情况也更复杂。股市中的经典理论——艾略特波浪理论，用到了菲波纳奇数列——1、2、3、5、8、13、21、34……江恩循环理论是以螺旋四方形为载体的一种理论，用到了一些几何的知识。

美国股票大师保罗·麦肯提出看利率做股票法，其理论依据是：利率变化与由该变化之后一段时间股指形成的高低点存在负相关的线性关系，更确切地说，高点与短期利率、低点与中长期限利率存在线性关系。可以用回归方程的方法，建立数学模型，借助于统计分析软件SAS求解，然后预测可能导致股票指数的高低点。

此外，股市投资中还有可能接触到几种技巧，如：箱形理论、金字塔与倒金字塔操作法、利乘法与摊平法等，他们都运用了一些代数、几何方面的知识。一般来说，投资所运用的知识主要是很简单的初等数学方面的知识，对数据的敏感以及提出数学模型的能力，比掌握数学技巧更重要。初等数学虽然简单，但是它所代表的理性却在投资中发挥着更大的价值，从这个角度上来说，投资离不开数学。

有趣的是，数学的严谨的思维方法，也对技术分析所采用的一些方法提出了质疑，因为技术分析只看行情和人的心理行为因素，它这个前提在有些情况下是站不住脚的。这使技术分析的手段看来有点像生活中的算命。如果不加怀疑地接受它，那就会后果难料。每一种操作方法都有成功的可能，只有这种方法所隐去的条件符合市场时，才会在市场中获利，但也只能是概率事件，就像巫医的治病方法，当巫医的治病方法符合病人的身体条件时，才有可能行医有效。

从复利到投资策略

人生百年，学无止境，要想成功却不需要什么都懂，不然最有钱的人应该和最有知识的人画等号，但是生活告诉我们不是这样的。知识不等同于智慧，赢得博弈的精髓是头脑，是看问题的角度，角度准确，才能领先一步，所谓"春江水暖鸭先知"就是这个道理。在认识世界方面，人的直觉是远远不够的，拥有数学头脑可以有一个理性客观地看问题的角度。

1626 年，荷属美洲新尼德兰省总督花了大约 24 美元的珠子和饰物从印第安人手中买下了曼哈顿岛。到 2000 年 1 月 1 日，估计曼哈顿岛价值 2.5 万亿美元。

假如当时的印第安人会投资，使 24 美元能够达到 7% 的年复合收益率，那么，到 375 年后的 2000 年的 1 月 1 日，他们可买回曼哈顿岛。

$2000-1626+1=375($ 年 $)$ ； $24 \times (1+7\%)^{375}=2.5068($ 万亿美元 $)$

从这个数学算式可以看到复利的威力。曾经有人问爱因斯坦："世界上最强大的力量是什么?"他的回答不是原子弹爆炸的威力,而是"复利"。欧洲著名银行创立人梅尔曾经称许复利是世界上的第八大奇迹。投资成功的关键就是稳定而持续的增长。投资越早,只要能坚持下来,收益就越大。棋盘上放麦粒的故事大家都耳熟能详了,巴菲特也是仅凭着每年百分之二十几的年收益率而成为一代股神。

运用数学手段可以帮助投资人制定和评价投资策略。欧洲有句名言:"不要把所有的鸡蛋都放在一个篮子里。"这句话用到投资领域,意思就是不要把你的财产都投放到一个项目上去,从而降低亏损风险。假设将资金分成三份进行投资,在投资项目盈利概率不变的情况下,根据简单的概率计算,可知出现最大亏损的可能性只有原来出现最大亏损可能性的1/3:赢利的最大值虽然不变,达到最大值的可能性却也减小了。这是很多投资人士采用的投资组合策略。

人们说商场如战场,投资领域更是需要谋略。投资的策略有很多,拥有数学的头脑,将会使自己拥有理性的判断能力,从而理智地对各种各样的投资策略进行鉴别和深入思考,并设计适合自己的投资计划。

第八节 以数学眼光看生活中的骗局

数学重要的是它的理性精神,也就是不信邪,你说得好听,我不信,请证明给我看。这是数学的一个方面。这种精神对付生活中的骗局有时候会很有效,欺诈的手法千变万化,但只要用数学的眼光来看它,它一般会遁形,现出本来面貌。只是即使是数学家也有自己的弱点,在生活中经常会掉以轻心,轻信各种表演,懒得张开自己的慧眼分辨它,也会被人钻了空子。

谎言和推理

电脑是逻辑机器,但是电脑会受到病毒的入侵,因为计算机的程序在逻辑上有漏洞,而各种病毒更是五花八门、层出不穷。人脑和电脑相比更复杂,但是在精确的逻辑推理和计算方面人是不如电脑有效和准确的,因为电脑如果不出毛病的话，就会严格遵守人所编写的程序规则。人的计算和推理漏洞更多，一方面是人的大脑本身思维方式的问题，另一方面，人不是冷酷的机器，而是情绪性的社会中的人。人的判断易于受感情因素和社会因素影响。从这个意义上说，人脑更容易受到另一种"病毒"的入侵，这种病毒就是谎言。

骗子正是靠谎言来骗人的，骗子的语言和行为千变万化，但都是为了一个共同的目的，让人相信他的谎言，并引导人去做对他有利的事，一般来说就是把别人的钱通过某种方式转移到他的手中。骗子们专门盯着人的弱点呢。遇事不考虑、轻信、不善于思考、爱占小便宜、贪婪、欲望等等人性的弱点都会左右人的判断，给骗子以可乘之机。但是谎言毕竟是谎言，它们毕竟是建立在错误的基础上，或者是用错误的推理方式得出结论。数学里边进行证明的严谨思维，如果用来对付谎言会特别有效，用符合逻辑的推理方式去判断骗子所说的话，则骗子的谎言是站不住脚的。

在数学里边并不是任何问题都好解决的，生活中的判断有时候也会很复杂，是一道很复杂的数学题。高明的骗子会把向他人证明的谎言过程设计得很复杂，这个复杂的过程会把很多思维方式有漏洞的人绕进去。骗子常常表现得比好人更像好人，说谎话时掺杂着大量的真话。如果有人鼓动唇舌让你掏钱，九十九句真话，一句假话，如果你发现了这一句假话，就足以使你警醒这句话背后所隐藏的目的，善良的人们容易被欺骗，是因为自己懒得去思考。

像电脑一样，人也应该有自己的防病毒系统，这个系统就是数学的严谨思维方式，它也要不断升级，因为骗子骗人的招数也在升级，当然这个系统平时一般时候用不着，用着的时候就会知道它的重要性了。

广告中的数字欺骗

"生产百万富翁的流水线"、"克隆一种模式，造就 100 位百万富翁"、"一年创造 100 个百万富翁不是梦"、"零加盟费，三个月猛赚 100 万"、"几个亿的大市场在等你"、"一个电话，成就你的富翁梦"、"100% 天然（其实就是产品成分中有一种中药）"如此等等的广告标题在各类财经报刊或网站上层出不穷，让人应接不暇。一串串的数字极具诱惑力，要的就是让人心动的感觉。他们如何向人证明这些数字是正确的呢？主要就是靠重复一些类似的鬼话。谎言重复一万句，有些人就会认为是真理。但只要自己能拥有数学中所用到的严谨推理方式，对这些东西只会感到恶心，最多也就是不屑一顾。

股市中的骗局

商海中更是一个谎言纷飞的地方，商场中的骗局有明骗有暗骗，有合法的骗有不合法的骗。商场中的骗局不胜枚举，这里只谈一下股市上的一些欺骗现象，让大家提高警惕。

在我国买卖股票叫"炒股"。"炒"就是通过频繁的买卖，达到拉升股价的目的。炒家可以炒作变化无穷的"概念"，有些是对未来的预测，也有很多是不负责任的谎言。诸如炒作"利好政策"，炒作"高科技板块"，炒作"网络股"，炒作"重组题材"等等，促成股价飙升，用以吸引大众跟风入市，实现"圈钱"的目标。能够在崩盘前逃脱的炒家，就能靠套住别人发一笔横财。

炒股是博弈，相当于一次更加复杂的麻将比赛。打麻将有些人会作弊，在股市上，有些庄家可以看底牌也可以换底牌，庄家想尽办法就是为了套散户，散户要靠这种博弈赚钱那真是难上加难。有些企业管理层，管理也就是做做门面，企业上市圈钱才是目的，这些人的工作就是吹牛撒谎，其对股市的炒作如同炉火纯青的投机大师。遗憾的是很多股民在炒股时，对他们的谎言不进行理性判断，不去做具体的企业分析研究工作，只是跟着市场潮流走，最多就是进行一些所谓技术分析，待到股票价格大跌，资金被套牢才大呼上当受骗。

是博弈就有胜负，在博弈为主的市场中，散户由于其弱势地位，更容易成为被动捐献者，赔了还认为是运气不好。因此投资一种股票，要擦亮眼睛，如果是一场含有太多欺骗的赌局，还是不参与的为好。

非法传销中的谎言

谎言的传播在传销业可以说达到了登峰造极的地步，非法传销的一种形式是老鼠会，产品对他们来说只是个道具，实质就是拉人头来交钱，那么人们怎么会交给他们钱呢？就是靠欺骗性的谎言，让人相信一定能挣到大钱。传销的课堂或教材往往充斥着许多逻辑怪异，但具有较强诱惑力的谎言。

比如，以暴利相诱惑时说：可以缩短你成功的历程，可以使你一两年内，挣到你几十年挣不到的钱。你说你没钱时：因为你没钱，所以才让你想办法赚。你说你没时间：正是因为你没有时间，所以才让你在很短时间里面赚到钱，然后浓缩你的生命，拥有更多的时间。传销人员甚至为谎言这样辩护：谎言并不一定就是坏的，有时候我们甚至应该说：这个世界因为谎言而美丽。

鼓吹人人都能挣到钱是他们的基本命题，传销的"理论"基础很简单，即所谓"市场倍增学"，利用的是简单的数学计算，不断的乘以 2 就会得到一个较大的数字，在数学上就是有关幂级数的。具体说就是：上线发展下线，下线再发展下线，如此不断发展；如果每个下线只要发展两个人的话，只要经过不多的数层下线，那么位于最顶端的上线就会拥有惊人的下线人数，其从各个下线所得的收入将是一个很大的数字。位于顶端的人可能挣到钱了，他挣的钱是他的层层下线的，位于较下面的几层挣到钱了吗？这部分人最多，但主要是往上交钱而已，所以任何一个传销网络挣到钱的人都是极少数。有人用他们的方法按他们的标准计算出了能够真正挣到钱的人，占参加者人数的不到 2% 的比例。

从另外一个角度看，就算一个人拉 2 个人，到第 30 代时，都 13 亿多人了。这就证明这种倍增是不可能的。况且，人的理智会自己分析判断，不会所有的人都会上当，当受骗者达到一定数量时也必然会受到社会的制裁。将数学计算不加辨别地套用在实际物质生活中，虽然很神奇，但是背离了现实。所以这里的数学倒成了居心叵测的骗子们哄骗善良的人们的工具。

骗子们玩的小数学游戏

人的大脑并不总是很清楚，聪明的脑袋有时候会糊涂起来，无孔不入的骗子，会利用人的这个缺点来点小技巧。比如这个数学题上说的：狡猾的骗子到商店用 100 元面值的钞票买了 9 元的东西，售货员找了他 91 元钱，这时，他又称自己已有零钱，给了 9 元而要回了自己原来的 100 元。那么，他骗了商店多少钱？

社会上经常有这样一些赌博游戏，较简单的情形例如拿两个骰子，掷一次，看掷出的点数，如果是 5、6、7、8、9，就算庄家赢，否则就是别人赢，看起来似乎很公平，结果却往往是庄家赢得多。实际上这只是一个小小的骗术，通过概率计算可以算出，掷出 5、6、7、8、9 点的概率是 2/3，掷出其他点数的概率是 1/3。

　　再比如在生活中有些人挺相信算命，算命的人对未来的预测有时很模糊，有时还能预测要发生什么事件，有些人看到事件发生了，就认为这个算命的算得挺准，其实呢，就是这个算命先生会给很多人算命，并预测要发生类似的事件，总有些人会被他蒙准。他所预测的只是一个概率事件，不过只是碰巧赶上了罢了，哪里有什么神通了。

　　天气预报中的"降水概率"使"概率"成了常用词，但是调查显示：大部分人对"降水概率60%"的理解是"下雨的地方占60%"，而并不能真正的理解这个概念。在生活中人经常混淆可能性与必然性，对概率方面缺乏必要的理解，而很多欺骗手段正是利用概率知识搞欺诈的。

第 5 章

职业、薪酬和对数学素养的要求

时代进入了 21 世纪，有人说世界上已经有 2000 多种工作职位。在我国，一些新兴职业因为薪酬丰厚、前途光明而受到了许多人士的追捧，一举成为求职者心目中炙手可热的黄金职业。然而，这些黄金职业并不是人人皆可为的，其中很多职位对人的数学素养有特别的甚至是挑剔的要求。

第一节 从微软面试谈起

微软是一家具有全球影响力的公司，它富于传奇色彩的创业和发展历程、具有诱惑力的薪水、较好的办公环境、独具特色的企业文化，使得微软公司每当进行招聘时，都会吸引很多优秀的年轻人竞相应聘，并成为媒体议论的焦点之一。

微软的面试题

微软老板比尔·盖茨在清华大学演讲时曾说，虽然自己并不是每天都痛快，但他不愿与别人交换这个工作。他觉得自己能够与一群充满智慧的人一起工作、交流，是一件十分幸福的事情。从这句话里可以看出微软的用人哲学，就是要找最聪明的。比尔·盖茨认为："聪明"就是能迅速地、有创见地理解并深入研究复杂的问题。微软的招聘工作也正是贯彻了这一原则。

微软的人才招聘制度非常严格。所有应聘的人，无论职位高低，一般要经过 6 到 7 轮面试。在面试中，主考人员会提出一些类似智力测验的问题，来考察应聘者的聪明才智。这些问题常常成为职业白领们议论的话题，说它百般刁难的有之，说它独出机杼的有之。

微软面试中的智力问题可分为两类：一类是开放性问题，没有标准答案；一类有答案，看起来就是智力测验题。

第一类问题如：

1. 美国有多少辆汽车？

2. 将汽车钥匙插入车门，向哪个方向旋转就可以打开车锁？

3. 为什么下水道井盖是圆的？

4. 在没有天平的情况下，如何称出一架飞机的重量？

第二类问题如：

1. 烧一根不均匀的绳，从头烧到尾总共需要 1 个小时。现在有若干条材质相同的绳子，问如何用烧绳的方法来计时一个小时 15 分钟呢？

2．在一天的 24 小时之中，时钟的时针、分针和秒针完全重合在一起的时候有几次？都分别是什么时间？你怎样算出来的？

3．如果你有无穷多的水，一个 3 公升的提捅，一个 5 公升的提捅，两只提捅形状上下都不均匀，问你如何才能准确称出 4 公升的水？

4．在 9 个点上画 10 条直线，要求每条直线上至少有 3 个点？

5．12 个球一个天平，现知道只有一个和其他的重量不同，问怎样称才能用 3 次就找到那个球。13 个呢？

这些用来判断"聪明"的问题，很大程度上都是数学题，都要使用数学的思维方式，但是又几乎用不到什么数学方面的高深的知识，只是要求应聘者能够进行符合逻辑的创造性的思考，并迅速找到解决问题的办法。至于答案，发问者显然并不关心。发问者通过这些问题，主要是观察应聘者的思路，判断他们解决问题的能力和创新精神。如果有人回答说："这真是一个愚蠢的问题！"并不一定会被认为是错误的回答，当然应聘者必须说明他这样回答的理由，如果解释得当，甚至还可以为自己创造极为有利的机会。

软件公司需要数学的理由

许多软件设计人员宣称他们从来不用在大学里学到的任何数学知识，甚至会说连大学里学到的计算机专业知识都用不了多少。就数学知识在软件设计中的使用情况而言，他们的看法没错，这也是微软的面试题中一般用不着高深的数学知识的原因。在微软的面试中，学校考试成绩只具有参考意义，一个在大学里面分数第一的人，在这里却不一定能通过面试的审核。你如果作为一个应试者面对微软面试中的问题，就会觉得以往的书本知识全都用不上，不得不调动自己的机变能力加以应对。

那么学校里的课程学习有什么用处？美国著名心理学家斯金纳曾说："如果我们将学过的东西忘得一干二净时，最后剩下来的东西就是教育的本质了。" 在数学课程方面，我们一般都会在考试后飞快地忘记课堂上学到的东西，但是通过数学学习，人的思维能力得到开发和训练，这给人的头脑的影响却是根深蒂固的。

微软作为一家软件公司，特别是在做研发人员的招聘时当然要求其员工具有编制程序的能力，面试中自然应该考察这类能力。在数学上，进行一个证明或解决一个数学问题，要求的是缜密的思考步骤，非常规问题的解决，则需要打破常规的思维模式。在数学学习中会学习到很多思维模式，积累很多解决问题的方法和技巧。解答微软的面试问题需要思维能力，正是这种思维能力，在决定着一个软件工程师的编程能力，从而成为一个应聘者在类似微软这样的公司的应聘竞争中获得优势的重要条件。

从事程序设计工作也是要具备一定的数学基础的。计算机与数学联系密切，综观计算机历史，图灵机模型是由数学家艾伦·图灵构造的，计算机的体系结构是由数学家冯·诺伊曼提出的，最早的计算机也是为数值计算而设计的。虽然程序设计中用到的数学知识并不太多，中学的很多数学知识还是用得着的。程序设计需要的逻辑思维能力，虽然也可以从高中数学中学到，但是逻辑思维能力需要长时间的锻炼，因此高等数学的学习，特别是离散数学、线性代数、概率统计以及数学分析的课程，对于一个软件工程师来说，是很有必要的。

程序设计本身是一种创造性工作，需要创造性思维，没有创造性只能模仿别人的软件进行设计。我们不难发现，在软件市场上，以后的程序设计将越来越依赖创造力，缺乏创造力的软件将没有生存空间。为了解决数学上的问题，特别是一些较难的问题时，经常需要创造一种新的方法，从而学习数学的过程也锻炼了人的创造性思维能力，这也是软件公司需要数学方面的专门人才的理由。

第二节 Google 公司的古怪广告

软件人员需要使用数学手段作为他们手中的利器，特别是在最近几年发展迅猛的一些方向，诸如搜索、视频、图像处理等等，都是"数学密集型"的领域。这些使对数学专业人才的追捧，在最近几年中达到了前所未有的程度。

古怪的广告

据报道，在美国马萨诸塞州剑桥市的哈佛广场地铁站的屋顶上，曾悬挂着三块 50 英尺宽的神秘的米色广告牌，上边的全部内容就是"（在 'e' 的数列中所能找到的第一个十位数质数）.com"。这像一条谜语，稍具数学知识的人还会看出这是一个和数学有关的问题。这条谜语使哈佛大学附近的这个繁华地段的行人纷纷驻足。

广告中的"e"代表的是数学中的一个常数，2.718281828……这个数字以它的一些奇特的性质，使很多学过数学的人印象深刻，e 似乎折射着数学的美感并反映着大自然的秘密。为这个问题所吸引的人会绞尽脑汁去寻求答案，他可能会想到"Google it"，即用 Google 在互联网上去寻找答案。他可能还不知道，Google 就是这个广告幕后的公司，Google 的这个广告最早于 2005 年 9 月中旬左右出现在美国 101 公路加州硅谷地段。

通过网上搜索，大家会发现，许多网络博客和网站论坛曾经热烈地讨论这个古怪广告上的数学问题。很多对此感兴趣的人早就在网上公布了答案和解题方法，不管用什么方法，在得到这个问题的答案后，登陆以这个题目的答案命名的网址——www.7427466391.com，阅览者将在这个网站上碰到另一个令人头疼的数学问题，而这个问题的答案是打开一个新网页所需要的密码。在这个新网页里，阅览者可以根据一系列的指示进入 Google 实验室的网页（网址：http://www.google.com/labjobs/index.html）。它会邀请到访者给 Google 实验室投简历，但是这又不仅仅是一个招聘广告。

Google 公司轻易地凭借着这些数学问题成了大众口头的话题，Google 的这个广告具有很微妙的创意，一些具有数学素养的人看到广告后会想到，这是冲着我来的，因为使用的是数学语言；对于另外一些人，这样的广告也使Google 的形象在他们心目中得到了提升。他们可能会想，看来我是不适合这份工作了，不过，能干那种工作的人真聪明。

对数学情有独钟的公司

虽然数学在新的信息经济中，为很多公司所重视，但是，令人最能产生数学方面联想的，还是 Google 公司。Google 的名字来源于 Googol，Googol 的意思是数字"1"的后面跟着 100 个"0"。公司创始人意在借用这个巨大无比的数字，体现整合网上海量信息的远大目标。就连 Google 的办公楼也命名为数学中稀奇古怪的符号，比如无理数"e"是第二大楼的名称，第三大楼叫作圆周率"π"（3.14），第四大楼则命名为黄金比例"φ"（1.61803）。Google 对 e 这个数字似乎特别偏爱，除了上述广告之外，它在提交 IPO 申请时希望募集的 27.18281828 亿美元恰恰也来自 e。

Google 公司创始人拉里·佩奇和谢尔盖·布林同是斯坦福大学计算机研究所博士班的学生。谢尔盖·布林曾在大学里读数学专业，并获得理学学士学位。随后在斯坦福大学免读硕士学位，直接攻读博士学位。他的父亲、祖父都是数学教授。受家庭的影响，幼年时期的谢尔盖·布林便已经显示出数学方面的天赋。拉里·佩奇也拥有理学学士学位，其父亲是计算机系教授，佩奇早在 1979 年就开始使用计算机。

Google 的发家之宝是搜索引擎。搜索引擎不仅只是一个为用户提供便利的门户，同时还是一个数据统计分析工具。正是数学和统计学与计算机技术结合在一起才产生了搜索引擎，才使 Google 变得神奇强大。或许正是这些数学方面的背景使得 Google 公司对数学情有独钟。

如果你想为搜索巨头 Google 公司工作，你最好有喜欢数学问题以及谜题的癖好。Google 的一位发言人说："我们总是对发现具有创新精神的人才很感兴趣，因此，我们总是试图用新的方法来发现人才。"Google 公司用于招聘的奇思妙想正是为了吸引一些同样具有类似的思维方式的人。Google 曾在几本专业杂志上，刊登了一份"Google 实验室能力倾向测试"。试卷开头写的是："试试看！把答案寄回 Google，你有希望去 Google 总部参观，并成为我们其中一员。"测试只有 21 个问题，道道刁钻古怪，看看以下 3 个问题就知道了：

1. 什么是世上最美的数学方程式？

2. 这是一个我们故意留给你的空白，请填充一些你喜欢的东西。

3. 用三种颜色为一个二十面体涂颜色，每面都要覆盖，你能够用多少种不同的涂法？你将选择哪三种颜色？

全球顶尖高校的 BBS 上，都流传着这份测试题，和各式各样确定或不确定的答案。几天之内，Google 总部收到了成千上万份答案，其中有些人并非是应聘，只想挑战一下自己的能力。看来这份试题也为 Google 带来了很好的广告效果。

数学人才争夺战

就像一些知名公司曾经争抢哈佛大学企管硕士一样，一些企业已开始纷纷争抢数学方面的专业人才。Google 公司和微软公司在人才上的争夺战，一度曾成为新闻焦点，但是类似的事件仅仅是冰山之一角。类似 Google 这样的搜索类公司之间的竞争，已经从产业竞争演变为人才竞争，与搜索的火爆相呼应的是专业数学人才和计算机人才人力价格的不断上涨。那些有着更多诱人选择的工程师们的价格都比原来翻了一番。即便是招聘一个搜索的外围运营人员，现在市场上的平均价格也上涨了 50% 到 100%。

有意思的是，Google 等公司对数学人才的争夺，让美国国家安全局的人叫苦连天。几十年来，美国国家安全局是这样悄悄招走数学天才的：装在普通信封里的聘书悄悄地送到那些他们看中且反复考查过的人才家中，被相中的人才就神秘地前往华盛顿，满心欢喜地成为美国头号技术间谍机构的一名成员。在整个冷战时期，美苏两国间谍战场的角逐，从另一层面看其实就是美国国家安全局数学天才与苏联克格勃数学天才之间的角力——双方都在拼命保护自己的密码，而绞尽脑汁破译对方的密码。

时代跨进了新世纪，作为一个技术间谍机构，面对着隐藏在数据信息海洋里的恐怖分子的秘密，美国国安局比任何时候都更需要数学天才。然而，他们突然发现，他们得首先跟一些可怕的对手竞争数学天才，它就是像 Google 和 Yahoo 这样的超级搜索引擎企业。更多的数学天才正受到 Google、雅虎的高薪诱惑，在"Google"或"雅虎"这样众多的软件类公司，大学数学系毕业生的起始年薪可达 6 位数，还额外提供公司的股份。

第三节 最为抢手的金领职业

随着我国保险业的迅速发展，保险精算师这个职业逐渐浮出水面，并因为位尊薪高而被人关注，一些人甚至称之为"金领中的贵族"或"金领中的金领"。保险精算师凭什么引来那么多羡慕的目光？具备什么资格才能成为保险精算师呢？

精算师的职位和薪水

据媒体报道：在我国，一般中国本土的精算师年薪目前在 10 万元人民币以上，有些精算师可达 20 万至 60 万元之间。海归或是洋精算师的身价一般都在百万元之上，甚至有的可达到 300 万元人民币的年薪。精算师在美国等发达国家也是受人尊敬的职业，在美国的起步年薪一般都不低于 10 万美元，高的则数百万美元以上，在历年美国职业薪酬排行榜上，精算师的平均薪酬都名列前茅。

精算师传统的工作领域为商业保险业，主要从事产品开发、保险产品管理、责任准备金核算、利润分析及动态偿付能力测试等重要工作，确保保险监管机关的监管决策、保险公司的经营决策建立在科学基础之上。从发达国家精算发展的情况来看，在商业保险界，精算师是核心精英，他的业务水平直接关系到保险公司的兴衰。此外，精算师还活跃在金融投资、咨询、社会保险等众多与风险管理相关的领域。以美国为例，60% 的精算师在各类保险公司工作，35% 在各类咨询公司工作，5% 在政府机构和高等院校工作。

精算师工作岗位的重要性，对精算师的任职资格提出了近乎苛刻的要求。不仅要对从事的行业有透彻的理解和一定的理论基础，还要求掌握有扎实的数学基础，能熟练地运用概率统计等现代数学方法处理经验数据，对未来变化的趋势做出分析、判断，特别是对风险具有敏锐的洞察力和处理各种可控风险的能力。一个好的精算师，应该集数学家、统计学家、经济学家和投资学家于一身，是评估经济活动未来财务风险的专家。

在诸如保险、金融行业，一旦获得了保险精算师这块含金量十足的招牌，就等于领取了一个通行证，可以纵横驰骋了。作为一种职业，精算师绝非青春饭，随着年龄和经验的增加，精算师的地位和薪情只会越来越看涨，资深人士说，"精算师是越老越值钱的职业"。据有关报道：国外的资深精算师有些最终成了所供职的大型公司的首席财务执行官，甚至也有成为公司最高领导的。

精算师考试数学难

随着我国保险业的深入开放和大力发展，专家预测在未来 5 到 10 年内，中国精算师的市场需求缺口在 5000 名左右，截至 2005 年，我国认证的中国精算师总人数为 50 人，中国准精算师为 164 人。而本土具有国际精算师资格（北美精算师、英国精算师、日本精算师）者仅有寥寥数人，远远不能满足保险产品创新的要求，保险精算师已成为我国的奇缺行业。

保险精算师之所以奇缺另一个主要原因是入门门槛极高。精算考试目前国际上有不同的考试体系，如北美、英国、澳大利亚、加拿大等体系，以及借鉴英美等国经验建立的中国精算师资格考试体系。它们的共同之处是，都需要经过相当艰辛的考试。即使很有资质的高学历的保险业内人员，要通过精算师的考试，用三年半的时间已经是最快的速度了，七八年是正常的，而十几年还未通过考试的例子也并不鲜见。更加困难的是，成为精算师后还需进行继续教育以维持资格。

虽然本科学历可以参加精算师考试，但通过考试的往往都是毕业于数学或统计专业的。一个称职的精算师需要有较为扎实的数学功底，高难度的考试门槛则不可或缺，为了将来中国精算师资格也能在其他国家得到认可，中国精算师考试中数学科目的难度甚至高于其他国际同类考试，这也是保证精算师素质的一种手段。所以没有很深厚的数学专业底蕴，很难过关。

目前世界上最有权威的精算师资格是北美和英国精算师资格，中国由于起步较晚，取得中国精算师资格并不意味着就能在世界范围内执业，但取得北美和英国精算师资格可以在国内执业。由于本土精算师培养从 1999 年才起步，因此大多数保险机构聘用的总精算师都是有具有北美或英国精算师资格认证的国际人才。要考取国外的精算师，还需要扎实的实践工作经验，以及语言方面的要求，其难度可想而知。

第四节 财技和数学

在这个商品经济社会里，和理财有关的工作，由于显著的经济方面的关键作用和重要影响，成为薪水不菲的白领职业。财技高超的人更是在现代社会中如鱼得水。善于理财就得小算盘算得精，就其实质来说，这是一种很实用也很有"钱途"的数学能力。

会计专业永远吃香

据美国的全国大学及雇主协会调查，美国 2005 年最好找工作的专业当属会计专业，刚毕业的大学生平均起薪就可达到每年 44,564 美元，有的会计系毕业生甚至不用迈出校门半步，就能被公司录取，有的甚至同时得到几家公司的聘用回执。

对比一下我国，会计工作其实也一直是较为热门的职业。会计就是要和数字打交道，涉及"变量间的相互关系"这样一个可以归结为数学的问题。较为初级的会计工作，要进行简单的计算和数字的处理，还有公式的转化什么的，数学基础比较简单，就业门槛较低，因此竞争压力也很大。基本的会计工作不需要精深的数学，这使一些人低估了数学对于会计的价值，数学素养不够，也会成为制约一个会计人员职业发展的瓶颈。

对于较高级别的会计工作，高等数学的知识正变得越来越有价值。这方面的一个证据是，报考会计专业的研究生，如果没有一定的高等数学上的基础，将面临比较大的困难。会计专业属于经管大门类，需要通过数学考试，考察的内容包括微积分、线性代数、概率统计等相关数学素养的掌握程度。

在西方，曾兴起一股在会计中应用较高深的数学的热潮，并形成了区别于一般的财务会计的管理会计的概念。从方法上看，一般的财务会计所用的方法是描述性的方法，只用到初等数学就够了；管理会计所用的方法是分析性方法，要用到较高深的数学。西方的许多会计领域的名家所出版的影响较大的教科书，也较广泛地应用了诸如微积分、数学规划、矩阵代数、概率统计、投入——产出模型、排队论、蒙特卡罗模拟法等许多高等数学方法。

财务管理与数学思维

一项针对外企财务总监薪酬的调查显示，担任这一职位的香港员工薪水最高，平均年薪 20 万美元；其次是由跨国公司总部直接派驻的欧美员工，年薪约 18 万美元；再其次是企业在中国本地雇用的外籍员工。留学回国人员财务总监的年薪仅仅高于内地员工，每年 15 万美元，而后者为 9 万美元。

重要的财务工作薪酬是很可观的，相应的对工作能力的要求也是很高的。有业内人士这样形容财务经理的工作：他们在企业中处于比较敏感的位置，不仅要看紧企业的"钱包",更要有本领用好它。对于财务经理来讲,重要的不只是掌握了几个数学模型,其核心是在于培养内在的数学思维能力,有了这种能力,可以应对各种含有更复杂变量的商业问题。

要找到学财务专业的员工不难,但真正专业的高级财务人才却相对缺乏。财务工作都是从基础核算工作干起,数字伴随着财会工作者职业生涯的始终,但是财务管理的实质,不仅仅是简单地在用数字说话,而是用数学思维来清晰地表达某种商业意识和意图。在公司财务中,财务工作已经由过去纯粹的算算账向管理会计转变,通过对财务数据的分析为企业的运营提供决策依据,数学模型或公式是一种使问题简单化的有力的分析工具。随意翻阅财务管理教科书或者国外财务杂志,数学模型或公式俯拾即是。当然,财会工作也不是拿了几个资格证书那么简单,能否真正用好数字,还需要在财会工作岗位有相当程度的历练。

作为优秀的财务经理,一方面要较为全面地掌握和了解企业的经营活动。例如开发新销售渠道,业务人员考虑的通常是怎样增加销售额,而财务工作者就会想到期初投资多少,资金占用多少,如何收款,现金能否周转,如何确定信贷条件,如何管理存货,如何处理税务,如何设计系统管理,产品的定价,经销商的折扣,各种费用的考虑,以及新项目在公司整体中的重要性,会如何影响公司整体目标的实现,等等。这些思维和计算,能提供重要的决策参考依据。

有一位财务出身的亚太地区总裁说过:"没有财务人员参加的会议,就不是重要的会议。"作为财务经理,要从会计及财务技术层面上发表意见,让企业老总、同事明白你到底算了一盘怎样的账,它对于企业的发展有什么作用。财务人员用数字说话,就是把上述方方面面的经营问题"翻译"成财务数学语言。除了利用财务软件等方式的各种计算之外,对财务工作者的挑战是如何在事前做出准确合理的预测。财务工作者要进行数学思维,通过各种数学手段,将各种收集到的信息变成一系列财务报表和数据,这些数字还要考虑到各种影响因素的发生概率。数学化的数据具有直观性和科学性,更便于高层决策者做出正确决断。

金融和数学

从就业的角度来看,金融业在现代社会里是比较受欢迎的行业,也是一个非常依赖于数学的行业,具有足够的数学素养的人在这里可以大显身手。美国花旗银行副总裁柯林斯 1995 年在英国剑桥大学牛顿数学科学研究所的讲演中叙述了数学的重要性："从事银行业工作而不懂数学的人实际上处理的是意义不大的东西。"他还指出，花旗银行 70% 的业务依赖于数学，并特别强调："如果没有数学发展起来的工具和技术，许多事情我们是一点办法也没有的，本质上，银行的业务就是承担风险。只有数学的语言能够最好地描述和度量风险。如果没有数学发挥作用，我们就无法生存。"

在美国，不知从什么时候开始，数学家已经成为华尔街最抢手的人才之一。一个最典型的例子是，在冷战结束后，美国原先在军事系统工作的数以千计的科学家进入了华尔街，大规模的基金管理公司以及其他金融机构纷纷开始雇佣数学博士或物理学博士。这是一个重要信号：金融市场不是战场，却具有与战场相似的性质，金融市场和战场都离不开复杂艰深和迅速的计算工作。

由于国际形势的影响以及国内金融行业自身的需要，如今国内的一些数学系毕业生突然发现，他们正成为各大银行和证券公司所需要的人才。但是由于我国真正的商业性质的金融业起步较晚，人才培养体制还不够健全，使得行业内缺乏掌握现代金融衍生工具的应用、能对金融风险做定量分析的，既懂金融又懂数学的高级复合型人才。

在金融行业，为了做出正确的金融决策，越来越依赖于运用定量分析手段来处理问题，这使金融和数学联姻，产生了一门新兴交叉学科——金融数学。金融数学利用数学工具研究和分析金融，建立相应的数学模型，进行理论分析和数值计算等。金融数学如今主要的应用领域包括保险和再保险中的精算、金融衍生产品的定价、风险管理、效益最优化问题（例如何时卖出股票收益最大）和信用风险等内容，而数学工具则覆盖了概率论、数理统计、偏微分方程和控制论等一系列领域。

如今，金融数学已成为十分活跃的前沿学科之一，诺贝尔经济学奖已经至少 3 次授予以数学为工具分析金融的经济学家。适应经济发展的需要，国内的一些大学已陆续开设了金融数学课程。该专业的就业需求非常广泛，包括：银行业、保险业、证券业、投资银行业、基金理财公司、上市公司财务部门、风险投资业、企业并购等。各类金融商品有关的行业，例如外汇、期货等方面也都需要这方面的人才。

第五节 MBA 是要考数学的

MBA，即工商管理硕士，是英文 Master of Business Administration 的缩写。有 MBA 学位的人一般成为活跃于全球工商界，领取令人羡慕的薪水，从事管理工作的职业人士。国内的 MBA 联考是要考试数学的，这从一个侧面说明了数学能力对于管理工作的价值。

MBA 的薪酬

近年来，报考和学习 MBA 可以说是我国社会上的一大热门，媒体的报道和关于 MBA 在职场上的年薪收入的传闻成为强大的推动力。虽然最近两年 MBA 的"薪"情不如想象乐观，但是 MBA 作为一种职业证书，还是能吸引众多企业的目光，并为之付出可观的薪水。有关调查数据显示：北京、上海、广州、深圳等大中城市的 MBA 平均年薪在 8 万元左右。在 MBA 的发源地美国，哈佛商学院 MBA 的起薪是美国制造业工人平均薪酬的大约 3 倍，有些企业的领导人能拿到数十万，乃至百万美元以上的薪水，注意一下他们的经历，很多人具有 MBA 的背景。

有 MBA 学位的人在我国职场上的薪水参差不齐，这和一个人的实际工作经验和能力有关，也和在哪儿取得 MBA 有关，世界名校的 MBA 当然是比较值钱的。目前国内 MBA 主要来自三方面：留学回国的、中外合作教育机构培养的、国内大学培养的。这三类 MBA 的薪资差别是比较大的：第一类在外企岗位工作的较多，年薪可达 20 万 ~ 50 万元，个别优秀的如果当上了 CEO，年薪可达到 80 万元以上；第二类的年薪也可达到 10 万 ~ 30 万元，当然优秀的可以更多；而第三类的 MBA 们，如果是名牌高校或工作经验丰富的，月薪一般在 5000 ~ 10000 元，而除此之外的大部分 MBA 毕业生们，月薪大多数在 3000 ~ 5000 元。

在一般人的意识里，管理似乎是一个和数学没有多大关系的职业，但是 MBA 是要考察学生的数学能力的。从 2002 年开始，我国的 MBA 联考把数学、语文、逻辑作为一门综合科目来考察。数学部分都是选择题，其中包括条件充分性判断和问题求解两个部分。

MBA 为什么要考数学

MBA 为什么还要考试和学习数学呢？

有一个流传很广的故事：哥伦布发现美洲新大陆以后，有些人认为这没什么了不起，只是大家没有去做罢了。哥伦布对这些人说："我们来比一下，看谁能把一个鸡蛋立起来。"结果没有一人成功。哥伦布将鸡蛋的一头稍微磕碰一下，鸡蛋一下子就立起来了。

这个故事揭示了思维方式和个人成功的关系。它告诉我们：成功者在面对同样事情时，会有一种不同于一般人的思维方式，正是这种思维方式使他们得到不同的结论，并导致不同的行为。因此，有一种好的思维方式，并把它贯彻于行动之中，是管理等工作必须面临的重要任务。

从事管理工作，管理人员要不断面临现实问题的挑战，并做出反应来实现管理目标。他是否能正确地进行管理，在很大程度上取决于他对现实情况的感觉和观察，以及他通过一系列的思维得出的结论。这对管理者的思维能力提出了要求，达到管理目标的根源在于管理者的思维方式。作为管理者，如何丰富自己的思维方式使之更加完善，MBA 的学习提供了一种选择，这也是 MBA 教育的根本意义所在。

作为 MBA 的教育机构，在招生时应该对人的思维能力进行判断，数学考试就成了自然而然的事情，MBA 考试中的数学问题，注重的不是数学方面的能力，而是逻辑性和思维能力方面的东西，所以从没有学过大学数学的人考上 MBA 的也大有人在。

在 MBA 的学习过程中，也有一些数学方面的内容，这有利于人的思维能力的锻炼。数学具有严谨的特点，在解数学问题时，必须看到细微处才能解决问题，并且解一道题，每一个步骤都不能错，所以数学要求人有一种认真的精神，为了在解决问题时不出错，必须有一种严密的思维。数学的训练有助于人在管理工作中形成一种认真细致的工作作风。

管理理论中的数学学派

有一则轶事，说的是美国有一次召集了一批著名经济学家与物理学家进行对话，结果双方都对对方的数学水平表示惊讶。物理学家未曾料到经济学家竟知晓这么多高深的数学知识；而经济学家则惊诧于物理学家的数学学识竟是如此"贫乏"。这个故事可能有些夸张，但是也说明了这样一个事实，就是在社会科学领域人们也在积极地使用数学。在现代管理理论和决策的研究中，也使用了较多的数学方法，甚至出现了管理理论的数学学派。

管理的数学学派，又叫管理科学学派，该学派认为，如果决策和管理工作是一个合乎逻辑的过程，那么就可以利用数学符号或关系式来描述，他们倡导借助于数学模型和计算机技术研究管理问题，对管理领域中的人力、物力、财力进行系统的定量分析，并做出最优规划和决策。但目前完全采用定量方法来解决复杂环境下的管理问题还面临着许多实际困难。管理科学学派的理论和方法一般在商品生产方面应用比较多，形成了一些科学方法，并和计算机技术结合在生产管理中发挥了重要的作用，但在对人的管理方面，他的方法有很多不足之处。

数学方法的使用，弥补了人的直觉经验的不足，是人的思维方式理性化和更加成熟的标志。管理所可能用到的数学，包括初等数学的一些知识，以及线性规划、决策树、博弈论、概率统计、排队论等。适应这种趋势，MBA 的课程中也会有一些有关的内容，虽然这些数学内容一般不会很深奥，这也是报考MBA 时要考试数学的原因之一。

第六节 数学教学和研究者的职业状态

数学出身的人，很多都在学校从事数学教学工作，或在科研单位与其他机构从事理论研究、比如应用研究、开发研究等。这一类工作一般不是急功近利的，虽然薪酬平均起来不算高，但从一个国家的长远发展看，是非常重要的工作。

美国的数学教师

据美国教师联合会（AFT）的专项调查，2002 至 2003 学年度美国公立学校教师平均工资为45,891美元。2004 年全美平均每个家庭收入均为 4 万美元左右，而教师的收入大致稍微高于平均线，这一点与中国的平均状况大致相同。美国教师的退休金、医疗等福利制度比较好。在美国，K-12（从幼儿园至高中）各级学校之间的教师工资差别并不太大，但是大学之间则差异悬殊，特别是名牌私立大学的教授年薪都要远远高于这个平均数。

根据2003年美国大学教授联合会的统计，能够授予博士学位的研究性大学，教授的平均年薪是97910美元，副教授为67043美元，即使是助理教授，也有57131美元。算上其他类型的教员，总平均薪资达到73997美元，再加上其他福利，要超过9万美元。在美国高等教育体制最底层的两年制社区大学，教师平均工资则是51619美元。

美国是数学大国，也是数学人才大国，但是美国企业和研究机构长期依赖外国数学家。据估计，目前美国有2万名数学研究生是外国出生的。美国企业界人士表达了对数学教育和研究方面的不足的担心，他们担心现行的教育不能给他们的工作职位提供充足的富有竞争力的人才。美国的数学教师不仅数量少，而且师资质量不高。有关人士说，美国现在需要25万名数学及其他理科方面的教师，但显然现有的体制使美国的学校很难找到获得这些人才的有效途径，这促使一些学校在海外招聘具有数学特长的教师。

虽然当教师有许多好处：工资固定、长时间的假期，等等，但是美国的学校，还是很难留住优秀的数学人才。美国数学教师的离职率也一直居高不下，原因之一是美国的企业界为具有数学素养的人提供了更高薪的工作。除此之外，现实中还存在着许多对教师不利的因素。美国是一个充斥着个人主义的国家，在美国文化里鼓励个人主义，鼓励向权威挑战，美国的教师没有在中国受人尊重。工资因素以及对自身安危的担忧，使得教师职业对一些美国人缺乏吸引力。美国人担心教师短缺的问题会影响到企业和美国经济的发展。所以，一些美国专家呼吁，美国应加快培养在美国本土出生的数学家。

研究机构需要数学人才

专职数学研究人员包括理论数学的研究人员和应用数学的研究人员。高水平的理论数学研究人才是我国数学发展的重要保障，它的需求特点是层次高，少而精。应用数学的研究人员，也需要扎实的数学理论功底，并且需要有较宽的知识面和较强的适应能力。由于数学应用的广度，所以这类人才的需求数量远远多于理论数学的研究人才。专职数学研究人才的来源，主要是高水平大学的博士和博士后。

相当一批数学专业的毕业生，会转向交叉学科或其他研究领域。这些研究领域的核心或关键是数学，因此，有较强数学功底的人才会在其中大有用武之地。除金融数学、生物数学、经济数学、精算保险等历史较长的交叉学科外，一些新兴的交叉学科，如生物信息、金融工程、信息安全、计算机视觉、信息处理、软件工程、数理语言学、计算化学、计算材料学等，也需要一批数学人才。这类人才的需求数量较大，并且会逐年增加。它的来源，一部分是数学学科专业的本科毕业生，更多的是数学及相关方向的硕士和博士毕业生。

在社会科学研究中，使用数学是这些年来的新趋势，特别值得一提的是，数学在经济学中的运用已经形成潮流。在近年来的诺贝尔经济学奖的获得者当中，数学家或有研究数学的经历的经济学家占了一半以上。在社会学、心理学等其他社会科学的研究中也经常会使用数学的一些方法，所以未来的社会科学方面的研究工作，数学人才的需求也会越来越多。

第七节 数学化的生产和服务

有很多人认为，在大学里学到的数学知识如果不从事教学和研究工作的话，一般来说就用不上。其实人如果有一个聪明的头脑，那做事情就会无往不利。分析一下数学专业的人才的就业情况，可以说："数学是个万金油，抹到哪儿哪儿行。"

数学专业和工作前景

数学已经渗透到了各行各业中，并且在现代社会的商品生产和服务领域发挥着极为重要的作用。美国国家科学基金委员会 1998 报告中说："从国家安全、医学技术到计算机软件、通讯和投资决策，当今世界日益依赖于数学科学。

不论是在证券交易所里，还是在装配线上，越来越多的美国工人感到若不具备数学技能就无法开展工作。没有强大的数学科学资源，美国将不能保持其工业和商业优势。"

由于数学和计算机的特殊关系，在大学里，有些学校把计算机专业也划到有关数学的院系里。由于数学人才在计算机编程等相关技术方面的特殊优势，数学专业的毕业生在IT行业、金融业及其他行业从事软件开发、计算机网络管理等工作中备受欢迎。

美国前几年职业排行榜的250种职业中，数学家（指各行业中从事数学建模、仿真等应用的数学家）名列第五位，前四位分别是网站经理、保险精算师、电脑系统分析师、软件工程师，他们也都需要有很强的数学背景。这似乎可以看到数学统治着一些技术含量高的高薪职位，在其他的领域，一些高精尖的人才，如投资分析专家、统计师、工程计算专家、网络安全专家、国防科技专家，等等，无不对一个人的数学素养有相对严格的要求。

数学专业的本科课程的学习可以打下坚实的数学计算和统计学基础，毕业后可从事的职业没有行业限制，在几乎所有的行业都可以找到它的应用。商品的开发、生产、管理等都在某种程度上使用着数学。在传统工业、农业，以及各种各样的为生产和生活服务的行业，一个发展特点是自动化，最近几十年，经济发展在很大程度上归功于自动化技术，自动化技术的实质是建立数学模型，利用技术手段解决问题。读者如果有兴趣了解一下自动化技术的发展历史，就可以看到数学的关键价值。

据估计，今后五年，数学专业的毕业生将有一半左右进入生产和服务行业，五年以后，这个比重还会增加。不过很多学校的高才生主要瞄准的是一些利润丰厚的行业如：软件、金融、电信、电子商务、虚拟现实、多媒体等。不过专业层次较高的工作，甚至要求的是在数学方面的硕士、博士，本科已经不能满足他们的要求了。

数学和技术的结合

数学的追求与技术发展的目标是相一致的，都追求简单、清晰、方便、可操作、易于掌握。迷人的数学充满了潜在的可能，数学是技术进步和发展的基础与动力。从历史上看，从某种角度可以说，数学上的每一次重大的发展和突破是技术上革命性进步的前奏，而事实是数学的发展往往超前于重大技术的发现而走在前面。

可以说，得益于数学的运用，技术在日新月异的发展，使生产和服务领域越来越数学化了，"数学化"这个词比"数字化"更能从本质上说明现代产业发展的深层变革。数学能够帮助人们处理数据、进行计算、推理和证明，数学模型可以有效地描述和解决现实问题，为技术发展找到可能性；数学为技术进步提供了语言、思想和方法，是一切重大技术发展的基础；数学与技术以灵巧的方式组合起来，往往能以创新的严谨的方法解决技术上的各种问题。

高新技术是时代发展的一个特征，高科技往往在本质上是一种数学技术，在高新技术中渗透着数学的思维，代表高技术的高精度、高速度、高自动化、高安全、高质量、高效率等特点无不是通过建立数学模型和运用数学方法，借助于电脑来实现的。说到电脑，有人称"电脑是机械的外壳、数学的灵魂"。无论是电子计算机的发明还是它的广泛使用都是以数学为基础的。在电子计算机的发明史上，里程碑式的人物图林和冯·诺依曼都是数学家，而在当今计算机的重大应用中也无不包含着数学。通过与计算机技术的结合，数学正显现着它的威力，在许多方面直接推动着技术特别是自动化技术的发展。

北京大学数学系姜伯驹院士说得好："20 世纪下半叶数学最大的发展是应用，你数学用得好，你就赢了。"钱学森说："数学基础理论有了，工程技术问题摆在这儿，中间怎么过去？不是靠手算，而是靠电子计算机……我称之为'数学技术'。"计算机的诞生使数学应用的领域大为拓展。人类进入信息时代，数学正在从幕后走向台前，成为一种能直接产生经济效益的数学技术。美国国家研究委员会在一份报告中把数学与能源、材料等并列为必须优先发展的基础研究领域。

第八节 知识经济的数学成分

一位前美国教育部长在 1998 年的一次讲话中说："我今天给你们的统计资料清楚地表明：'数学等于机会。'当我们为即将来临的世纪做准备时，不可能再送给美国父母和学生别的更关键的信息了。"

数学是知识经济的翅膀

"知识经济"的说法一度甚嚣尘上，令人联想起英国哲学家培根的著名论断："知识就是力量。"但是事实告诉我们，说知识就是力量是并不确切的，更精确的说法应该是，经验和智慧才是力量，知识不能化为个人经验对人并没有什么意义，有知识但却没有智慧使用它，则知识不能产生什么价值。软件虽然具有知识的形态，但确切地说并不是知识，软件是软件设计人员智慧和心血的凝聚。而智慧主要就是一种思维能力，数学的价值一方面在于作为人进行思维的工具，另一方面在于塑造人的这种思维能力。

以计算机和互联网为代表的信息产业的兴起是知识经济的重要标志，它们深刻地改变了人获取和处理信息的方式。在知识经济中，取得竞争优势的关键条件之一是取得知识优势或信息优势。数学帮助人们对大量纷繁复杂的信息做出恰当的选择与判断，同时为人们交流信息提供了一种有效、便捷的手段。数学作为一种普遍适用的技术，有助于人们收集、整理、描述信息，建立数学模型，进而解决问题，直接为社会创造价值。

从自然科学和物质生产的角度来看，因为使用数学，人类的知识逐渐得到有序的严谨的组织，使各种科学逐渐走向成熟，促进了技术和物质生产的发展。现代数学和科技的结合，带来了人类物质生产的飞跃。物质生活的极大丰富，数学起着重要的作用，这是数学在知识经济中的价值之一。知识经济的一个特征是专业化，不掌握一定的数学技能，就不能适应各方面的技术工作。

在社会方面，数学虽然用于社会科学方面很不成熟，但现代数学和计算机技术一起，已经广泛运用于生产和生活之中，改变了人获取和处理信息的方式，也使一批以计算机产业为代表的企业财源滚滚，同时造就了一批亿万富豪。随着计算机和互联网的普及，现代社会信息化的进程不断加快，使更多的人面对的信息和知识环境发生了根本性的变革，一些人无所适从或麻木不仁，另一些人则适应了这种变革，并有一种如鱼得水的感觉，这中间的差距取决于思维方式，这又和数学联系上了。

现代社会的一个特征是"知识爆炸"或"信息爆炸"。一户农民，原来种的是一亩地，现在承包了一千亩地，那他们耕作的方式就必须改变了，要使用高技术的机械化的方式来耕种。作为人，处于这个时代接触的信息比原来不知大了多少倍，那么就像农民种地一样，他处理信息的方式也必须改变。如何改变，就是要使用数学这个工具，来提高浏览和处理信息的效率。农民善于耕耘的话会得到更多的收获，面对信息的人如果善于挖掘、筛选、推理和归类等，它会通过这些信息创造可观的价值，这种价值甚至是过去的年代所不可能想象到的。

数学人才成了热点

数学和计算机的结合，产生了很多商业机会。如 Google 公司、百度公司提供互联网搜索软件；一些企业提供分析信息以及辅助决策的工具，如财务管理软件、股票软件、ERP 软件等；也有一些企业通过对信息的分析，得出一些有价值的数据，向用户提供咨询产品。这一类企业以在一般人看来似乎是稀奇古怪的方式把数学与经营活动联系在一起，并且发展迅猛，缔造了当代经济中的财富神话。如果说知识是燃料，数学则是将燃料变成动力的发动机。经济要起飞，数学是翅膀。

从商业角度看，信息就是金钱，但是首先得把值钱的信息挖掘出来，收集的信息也必须进行分析和组织，并进行推理，得出有价值的资料。如果不招聘有技能的数学家和计算机科学家，即使有了功率最强大的计算机和充足廉价的存储器，公司也没有能力将日益膨胀的数据海洋进行分析归类，更不用说利用它们发展业务了。

知识经济时代，数学越来越吃香。现在的数学家在劳务市场上是一颗闪亮的明星，数学家从未获得过如此高的地位。顶尖数学人才一般都能得到高价聘用，特别是那些需要精确数据的地方，有一种对数学人才的狂热需要，据估算活跃在这一领域，领取年薪十万美元以上的顶尖数学人才全球有 5000 人，这个数量还在不断增加中。看来现在的数学尖子遇到了历史上从未有过的好时光。

数学与财富创新

数学家正在帮助企业收集和挖掘消费者和企业数据库中的数据，并从这些数据中找出有用的"金矿"。诸如 IBM 等许多公司，也都在让数学家参与其业务工作，IBM 公司正在为自己 5 万名咨询人员建立数学学历档案，以使公司能够针对每项指派的任务，选定最合适的团队人员。该公司还采用其他一些技术手段，来跟踪咨询人员的工作进展，并予以评定。目前，IBM 公司的咨询人员正在实施基于数学分析的行动计划，以使一些企业升级换代和改进美国邮局的运作。

美国《商业周刊》2006 年 1 月 23 日发表的一篇文章提到：美国的尼尔·戈德曼创建了"Inform 技术公司"。这家新公司目前有 50 多名员工，全部都是数学家、电脑专家、程序设计师、语言学家和资料分类专家。该公司每天搜索成千上万篇新闻报道和网上博客的文章进行"阅读"，采用数学计算及统计方法来分析每篇文章，并将这些文章重新分类和组织，然后按客户需要，将对客户有用的文章或段落发给客户。如何用数学来分析文字？戈德曼说，这需要代数与几何的结合。

数学在带领给企业家致富，尼尔·戈德曼被人称为"数学企业家"，他在创建"Inform 技术公司"之前，曾以 2.25 亿美元的价格出售了自己的另一个公司——财务分析公司"Capital IQ"。另一个例子是，由两兄弟组建、为遗传学开发计算方法的"Perabit"网络公司，以 3.37 亿美元卖给了"Juniper"网络公司。

专业的咨询公司较多地使用数学。美国科拉罗多州的一家公司"Umbria"把网络上对商品的褒贬转化为一个特定的数值，然后用数学的方法进行分析，从而给他们的企业客户一些有价值的市场信息。有一家公司把数学方法运用到网络广告促销上，可以计算出每一项网上广告的回应率与投资报酬率，把以前靠直觉的促销转变成数学的精准目标。再如，美国加州的一家专业品酒公司，它协助酒商仿照品酒专家罗伯特·B.帕克尔的品味建构数学逻辑，分析 7 万种不同品牌、年份的酒，精确地依据顾客的资料，为新产品订制一份蓝图。

第 6 章

数学能力与智商测验

现代社会竞争激烈，人人都希望自己具有各种各样的技能来适应生活，数学能力变得越来越重要了。人们在提到数学时，常常与智力联系在一起，会联想到在数学上表现优秀的人具有较高的智商，智商高的人也会在数学上有较好的表现。事实上真的如此吗？

第一节 数学能力是一种信息处理能力

关于数学能力我们都有一些自然的看法，这种看法又几乎总是和在学校中的数学成绩联系在一起，但是这种看法是不够精确的。随着时代的发展，我们关于数学能力应该有新的认识和理解。

什么是数学能力

究竟什么是数学能力？国内外很多人曾从不同的角度进行过研究，我国的心理学家林崇德进行了总结和思考，认为：

1. 数学能力结构应当包括传统的三种基本数学能力（运算能力、逻辑思维能力、空间想象能力）以及五种数学思维品质（深刻性、灵活性、独创性、批判性、敏捷性）；

2. 关于思维能力的其他一些提法与五种思维品质的提法，意思是接近的，可以纳入思维品质去考虑；

3. 三种基本能力与五种思维品质的关系不是并列的关系，而是交叉的关系，形成的 15 个交叉结点上又各有具体的能力特点。

林崇德先生的看法主要是指数学能力的最重要的侧面，即思维方面的能力，这是一个对数学思维能力的一个较好的表述。李镜流在《教育心理学新探》一书中，吸收了现代心理学的观点，对数学能力的概括更全面一些，将思维能力之外需要用到的数学能力也包括了进去，包括三个组成部分：即认知、操作与策略。认知——对概念、符号、图形、数量关系与空间关系的认知；操作——对解题思路、解题程序和表达及逆运算的操作；策略——解题直觉、方式方法、速度及准确性、创造性、自我检查、评定等。

李镜流看法中的认知就是对数学对象的了解过程，其实是一种对信息的把握；操作是指的思维，以及表达思维的过程，解题直觉可称为直觉思维，自我检查、评定也都是以思维为主的过程，思维其实是对信息的处理过程；策略中的方式方法、速度及准确性和创造性，都是描述认知和思维过程的特点的，也就是信息的获取和加工的方式。通过这个分析可以看到，数学能力其实就是一种信息的获取、加工、表达的能力，是一种信息处理能力。

数学思维和信息加工

数学思维是在人的头脑中发生的活动，人在头脑中所思维的东西其实是什么呢？不是什么实物性的东西，当然只能是信息，人的头脑具有这种可以称为数学能力的信息加工能力。数学作为一种学科，正是人类符合逻辑的信息加工过程的结果，所谓逻辑，就是大脑的正确的思维方法。

从数学研究的角度来看，数学能力应该是一种创造性的能力，一种能按照某种数学家的活动规则进行思考的能力，拥有这种能力才能产生有价值的数学成果。这种成果表达出来也是信息，思考则是数学家在所拥有的一系列信息的基础上所进行的信息处理活动。

学生学习数学的数学能力，是一种掌握适当的数学知识和数学技能的能力。这种学习能力应该能够通过解数学题来表现出来，人在解答数学题时的心理活动包括以下三个阶段：1. 收集解题所需的信息；2. 对信息进行加工，获得一个答案；3. 把有关解题过程的信息运用数学语言表达出来。解题的过程就是信息加工的过程，因此这种数学能力也是一种信息加工能力。

把数学学习和研究看成信息加工的过程，数学活动的本质就是对信息之间的秩序的探索，这里可以举出数学能力需要的一些基本才能：

1. 抓住中心主题的能力。

2. 从各种角度考察信息、理解信息的能力。

3. 舍弃无关的信息而集中于信息的有用方面的能力。

4. 认出各种变量变化时所引起的效应的能力。

5. 探索新的信息之间的关系的能力。

6. 提出有用的假设并加以验证的能力。

7. 依据公式或模型进行包括逻辑推理在内的运算的能力。

8. 良好的想象力也是重要的，这种想象力不仅仅是对空间概念的想象力。

9.作为信息储存能力的记忆力等。

数学的学习和研究是需要调动人的全部智慧参与的活动，人的智慧是复杂的，这里也不可能全面的指出所有的数学能力。有兴趣的读者可以补充一下。

信息社会需要什么样的数学能力

我国数学教育界传统上对数学能力的看法是三大能力，即计算能力、逻辑推理能力和空间观念并包括能够运用所学知识解决实际问题的能力。数学教育注重的是数学知识和数学技能的掌握，并以考试成绩来衡量掌握程度，于是分数自然就成了数学能力的标准。据有关资料，以及历年来在国际奥林匹克数学竞赛中的比试，中国人的数学能力应该是最强的，美国人的数学能力应该是较差的，很多美国人算生活中的小账还得抱着计算器。但是事实上是在更高水平的数学比赛上，美国人却取胜了，他们培养了更多的具有国际水准的数学家。看来我们关于数学能力的看法，以及数学教育的手段都应该适当调整一下。

将数学能力看成信息处理的能力，则这种能力和组织信息有关系，它使人们能够发现相同点和不同点，发现趋势，做出推断和预言，以及用多种方法在信息的空隙间架起桥梁。在美国文化里有这样一个看法：就是很看重提出问题。提出问题，就是通过从新的角度看待已知信息，去探求新的信息的思维过程，有时，这个过程就是重新安排已在某种模式结构中研究过的信息序列，这是一种创造能力。爱因斯坦曾说："提出一个问题往往比解决一个问题更为重要，因为解决一个问题也许只是一个数学上或实验上的技巧问题。而提出新的问题、新的可能性，从新的角度看旧问题，却需要创造性的想象力，而且标志着科学的真正进步。"

传统的计算、推理、空间想象等能力当然很重要，但是除此之外，数学有更丰富的思维方式。特别是现代数学有这么一种特征，现代数学家、应用数学家以及工程技术人员运用数学的一个最基本的方式是，通过观察问题收集信息，分析信息，做一个猜想，建立一个模型，然后修改、调整这个模型，最后一般化，根据这个模型解决具体问题。一般人在解决生活中的问题时也有这种思维方式。这是一种在既有信息的基础上，提出新问题，捕捉新的可能性的思维方式。这一类的数学能力的形成，也需要教育和文化环境的引导，但是这种能力，不论是在数学的发展上，还是在生活的完善上都能给人带来更多的东西。

第二节 数学能力的心理基础

在大多数人看来，一个人的数学成绩在很大程度上反映着一个人的智力。智力是人作为万物之灵的一个重要特征，也是人类面对其他生物时产生自豪感的主要源泉。人的智力状态是人的数学能力的基础。

智力和数学能力

人在生活中的能力首先是一种反应能力，表现在对事物的敏锐感觉和对环境的迅速适应，以及对突如其来的错综复杂的事情的处理能力上。在生活中人的行为一般是一种对环境的习惯反应，有时候则需要迅速思考做出决策，形成一种有效率的较为正确的思维方式是生活本身的需要。所以和思维关系最密切的数学是非常被人重视的一种人类智能。

考虑到人的不同的能力倾向，数学能力不同于智力，但数学能力以人的智力为基础。人的智力有着更广泛的内容，人们把聪明、有智慧，看成一个人智力的表现。一个流传广泛的看法是，将智力看作由观察能力、注意力、记忆能力、思维能力、想象力等五种能力组成。人的智力是整体的，这五种能力在实际上又总是相互纠缠的，所以这种分类方法是不尽如人意的。数学能力虽主要是指的思维能力，但其他几种能力也都是数学能力的基石。比如观察能力，在数学能力中应看成收集信息的能力，包括感觉、抽象概念的能力等，注意力、记忆力也参与其中。数学能力中的直觉、联想、灵感、创造力等，也需要想象力、注意力等专门的智力因素的参与。

数学的思维要借助于语言和符号，通过逻辑过程来实现，所以人的语言能力和逻辑思维能力都是数学能力的基石。当然数学思维里边的空间想象的部分不是一般意义上的语言，但空间的点线面体也可看成是数学的语言。而著名的智商测验，主要考察的是人的语言能力和逻辑思维能力。所以智商测验在很大程度上反映着人的数学能力。

数学能力与无意识

大脑中的活动有一些是人能意识到的，有一些是意识不到的。著名的心理学家弗洛伊德将人的心理分为意识和无意识，他认为意识只是人脑活动露出海平面的冰山一角，无意识对人的心理和行为有重要的影响。无意识就是不知不觉的大脑活动，在无意识中有先天具有的本能，也有后天形成的。人脑的一个显著特性就是"不愿"有意识地做重复的事情。它会自发地把重复性的工作和经验转交给无意识支配，以腾出精力处理新鲜的事情。如果这种无意识支配的工作继续重复下去，人脑会自发地把这种支配工作转化为习惯，甚至为了适应这个过程，它还会改变大脑的生理状况。

在数学活动中，有很多无意识的过程。直觉是一种无意识的思维，是一种不可言状的洞察力和概括力，它是创造性思维的一种形式。数学问题的解决以及许多重大的数学发现经常来自直觉。汉弥尔顿在散步的路上迸发了构造四元素的火花。在了解数学问题时，人可能会自动将其分类，并过滤掉一些对问题解决没有关系的信息，这其中很大程度上也是无意识过程。数学学习和研究，会对人的心理上在无意识的层次上产生影响。

大脑的工作状态

搞数学需要有好的心理状态，大脑是否灵活和人的情绪，以及环境的影响有关。不好的大脑状态影响人接受数学的有关信息，也影响到人的思考和数学问题的解决，比方有些人对高考的那种严阵以待的场合不能适应，到了考场就心跳加速，久久不能使自己沉下心来，面对考卷上的具体问题，记忆力也不行了，脑袋也不转圈了，有心理素质特别差的当场就晕了。

一个学生的数学能力和他对数学的兴趣有关系，感到数学很有趣、很好玩，理解到数学的趣味，其实已经说明这个学生对数学有更深的理解和在心理上对数学有更好地把握。兴趣是一个人学习的动力，这会使它增加主动的探索数学的活动，从而影响他对数学知识和技能的掌握。相反，如果对数学不感兴趣，甚至厌烦，则会影响他数学学习的积极性，更重要的会影响他数学学习的效率，从而对这个学生在数学上的发展有不好的影响。

数学能力还是一种注意力，注意力表现为注意力集中的程度，长时间地保持专注的状态，就是一种执着精神。要保持这种执着，兴趣是重要的，可能还需要人的克服困难的意志力，沉下心来做事的毅力等。在数学上取得成绩的人都有一种数学上的执着，例如数学大师陈省身说过，他是做梦都在思考，甚至无时无刻不在思考数学；有名的数学天才纳什，有一种特别的执着，就是喜欢难题，总是在寻找难题来做。看来数学的思考也像其他技艺一样，需要不断地执着练习才能达到出神入化的程度。数学能力的构成是很复杂的，各种心理因素在和人的这种能力发生着或深或浅的联系。

人脑具有可塑性

据 20 世纪 80 年代的报道，几名美国驻印度人员进森林打猎，发现一个手脚着地爬行、裸着身子的人面怪物，将她捕获带回，这就是广为人知的狼孩的故事，这个女孩据估计有 10 岁左右。狼孩初返人类社会时，生活习惯跟野兽没有两样，喜欢爬行，不会直立行走，不会用手取物，怕水畏光，不肯穿衣服，不怕寒冷，昼伏夜出活动，引颈长嗥，性情凶悍，见到人接近就龇牙尖叫，喝水用舌舐，喜食有点腐烂的生肉，不吃谷类食物和煮熟的食物。经过多年的精心养育，这个狼孩外表和正常人没有什么两样，但她的智力只相当于两岁幼儿，不懂人类的语言，只会用微笑表示高兴，用握手表示亲近。

这个故事可以看出成长环境和年龄对人的智力的影响，人的智力并不是一成不变的，恰恰相反，人脑具有可塑性，人的智力在人的一生中会发生很大的变化。研究资料表明：越年轻的人的大脑的可塑性越强，人 4 岁以前，特别是胎儿至出生一岁半，是大脑生长发育最关键的时期，错过这段时期，人的智力发育将受到难以挽回的影响。"狼孩"就是一个例子。到了一定的年龄人脑发育开始成熟，在"硬件"方面就比较稳定了，但也会发生一些微妙的变化。所以人在智力的"硬件"方面的发展，不可错过人的年龄的关键阶段，成人也应该勤于思考，使自己的头脑更加敏锐。

学习能力是人的头脑的可塑性又一个特点，人通过观察力或者叫信息搜索能力和记忆力，可以对各种过程进行了解，并通过模仿或创新，学会一些思维和行为模式，这些模式通过重复逐渐形成习惯，在思维方面就是思维定式，成为人的具体的技能，包括数学方面的各种技能。小孩子对观察和模仿有特别的兴趣，成人在社会生活中也会通过观察和模仿的方式相互影响。美国心理学家班图拉的观察学习理论，对此有较为详细的论述。数学课堂或书本正是给学生提供了一个观察学习的环境，当然人的学习能力并不仅仅是观察学习这一种方式，比如人在主动的数学探索中，掌握一些数学技能，也会有所发现和创新，这种创新能力是数学科学形成的基础。数学能力的提高也不是只有学习数学一种方式，例如喜欢智力游戏，在生活中善于思考，以及和富于智慧的人的社会接触，可能也会潜移默化地影响一个人的数学能力。

第三节 数学天赋与进化心理学

电脑是由人来制造的，它在结构上和原理上对于有专门知识的人是一目了然的，但是人对人类大脑的研究还处在模糊不清的初级阶段。教会一些人简单的数学是容易的，教会另一些人数学是困难的，这里边有没有天赋的因素？如果有，这种天赋是怎么来的？在人的数学能力中，天赋的因素占多大的比例？这些问题，人类虽然在探索，但是现有的知识还不能提供满意的答案。

数学能力中的天赋因素

希巴是俄亥俄州州立大学里的一只黑猩猩，它曾经被训练搜集起四个橙子，并学会指出第一个、第二个、第三个和第四个，表示自己一共找到了四个。坎奇是佐治亚州州立大学的语言中心里的一只非洲黑猩猩，它会使用键盘敲击出符号与训练者进行交流。它甚至还可以分辨出"将柠檬水倒入可乐中"和"将可乐倒入柠檬水中"这样相似的句子。

难道这些动物具有与人类类似的思维能力或者会使用语言？佛罗里达大学的心理学家克莱夫·温尼认为所谓"动物的智商"不过是人类自己想象出来的，而并不属于动物本身。他指出：动物对某些事物做出的看似复杂的反射其实只是它们的自然反应而已。这些所谓的"动物的思考"与人类的思考根本是两码事。例如前面的黑猩猩坎奇，它并不懂得将橙子的数量增加，而是死记硬背地记得了橙子的数量是四个。他说："心理上的能力塑造了人类文明，这是其他任何物种都缺乏的东西。"

不管黑猩猩或其他动物有没有掌握简单的数量概念的能力，人类要想教会一只聪明的动物学会即使简单的数学概念也是困难的。与这些动物相反，人类在很小的时候就自发地具有了一些数量概念，人类的一些成员已经把数学发展成了今天庞大复杂的家族。美国人爱做一些看来稀奇古怪的研究，美国杜克大学的研究人员在一次研究中，让 20 名 7 个月大的宝宝听 2 ~ 3 位女性同时说"看"这个单词，然后让他们看有 2 位女性和 3 位女性头像的录像画面。研究发现：宝宝们能在两幅画面中做出选择，盯着与听到声音数目相同的画面的时间较长。研究人员认为：在没有学习"数字"的概念前，宝宝能将听到的声音数量和看到的图像数量联系起来，这是一种对"2"或"3"这两个概念的抽象处理。这说明尚未获得语言能力的儿童拥有一个认知数字概念的系统。

长久以来，很多人一直倾向于认为人的某些数学能力是天生的。美国科学家的这项研究为这个看法提供了一个证据。一般的看法是：数学能力具有天赋的成分，后天的影响对人的数学能力的成长也起关键的作用。正常的人每个人都有数学方面的能力，就像有的人身体比较强壮，有的人身体比较孱弱一样，人在数学能力方面是有不同的表现的。一个人强壮与否，决定于他的身体素质和运动情况。一个人是否能在数学方面强大，数学方面的学习和训练是很重要的，社会也提供了宝贵的学习机会，使人人都有机会发挥自己的数学能力，只要善于学习，人人都能得到适合他自己的必要的数学。

进化心理学

人类又是如何获得思维和语言能力，并形成文明的重要组成部分——数学呢？

1859 年，达尔文发表巨著《物种起源》，宣告了进化论学说的确立，进化论使人类生理属性是进化结果的观点被普遍接受。但是人类的心理属性是否也可以由进化论加以解释呢？人的数学能力是否与身体能力一样，是经过了几百万年的进化而达成的适应性？

达尔文在《物种起源》第一版中曾预言：人类的心理学也将建立在新的基础之上。部分现代心理学家开始尝试把心理学与达尔文自然选择理论联系起来，由此诞生了进化心理学。进化心理学认为人类的心理属性——包括人的语言、思维、情感等，也可以看作是进化的结果，这使我们对人类数学能力的起源，有了一个崭新的认识。

人的思维能力是适应于人的生活需要，并在生物进化和文化传递中形成的。它形成于人脑对环境的适应，又成为人类适应环境的有力武器。我们今天之所以能够推理、计算，因为这种能力帮助了我们的先人在充满危险与竞争的世界中生存、繁衍。正是由于人在进化中逐渐形成了包括收集信息、进行逻辑思维以及使用符号语言的能力在内的心理属性，人才有数学能力，数学才能产生和发展。

一般人似乎认为：人的产生、思维能力的出现，就是进化的最高级阶段。进化论方面的知识告诉我们：进化过程本身是没有目标与方向的，进化的唯一准则就是适者生存。从这个意义上讲，认为人的思维能力比人的其他能力或其他动物的能力更高级，是没有依据的。每一种今天仍然存在的生物，从进化的角度讲，都是胜利者。只不过老虎的专长在于牙齿和爪子，而人的专长是头脑。所以人的其他方面的能力，如情感上的特点、社会性的特点，如果不是比数学能力更重要的话，起码也是同样重要的。

数学学习的进化意义

鸡兔同笼问题是来自于中国古代的著名数学问题，考察它的来源，可能不是来自实际问题，人大概一般不会把兔子和鸡关在同一个笼子里，即使关在同一个笼子里也不必要计算这个问题，它不是实际问题，它来自哪里呢？它是由人来设计的数学题，这个问题之所以能在民间广为流传，应该是数学游戏，而且这一类的游戏性质的数学问题，非常非常的多。为什么有这种数学游戏？

首先，考虑以下动物的游戏，观察以下动物的生活，它们都有自己的游戏，小羊羔喜欢奔跑和跳跃，而且全神贯注、乐在其中，这种游戏使它的身体更健康，其次，它的奔跑游戏有利于它的生存：更快地得到食物，逃避外部世界的危险。小鸡喜欢不停地往地上啄食，即使地上什么也没有，大概也是玩的时候居多。食肉类动物，对相互撕咬的游戏有一种特别的嗜好，这种游戏有助于它们未来去捕获猎物。

那么人的这种数学游戏也一定是有利于人类的生存，即锻炼自己的生存智慧—思维能力。从进化的角度来看，人对于数学类的游戏应该有一种天然的爱好，这也是从益智玩具到电脑益智游戏可以形成一个越来越火爆的产业的深层原因。生活中的很多复杂问题要去面对、要去解决，游戏为适应生活提供了有趣的智力上的准备。从某种角度来看，包括学校教育，以及高深的数学研究都带有一定的游戏成分，正是这种游戏的成分再加上实践中对数学的实际需要，为人类的数学活动带来趣味，也带来动力。

第四节 智商测验中的数学成分

"智商"译自英文"Intelligence Quotient"，简称 IQ。虽然我们经常使用"智商"一词来描述一个人的聪明程度，但恐怕很少有人能准确地说出这一词的含义以及如何进行测试。那么智商和智力是一回事吗？智商能在多大程度上说明人的数学能力？数学能力强的人就一定智商高吗？

智商的来源

由于人的智力的复杂性，要精确而客观地测量人的智力是困难的。大约是和学校教育的影响有关，智力更多地是指一种和语言与数学有关的能力。最简单的测量智力的办法是像考试一样，设计一个问卷，进行测验，而设计的问题当然需要运用智力才能回答。

1905 年，法国心理学家比奈和教育家西蒙合作设计了世界上第一套智力测验。这些测验，每个都共 30 题，问题与功课的内容没有多大关系，解答问题又需要和数字、空间、逻辑、词汇、创造性、记忆等有关的能力。这套测验被命名为比奈－西蒙智力测量表，被当时的法国政府采用，用来测试学校儿童的智力，以找出那些智力较低者，为其提供特殊教育服务。

后来这个问卷又得到修正，并提出"智力年龄"一词。由于儿童的年龄和智力是相关联的，某个年龄组别的孩子，在这种测验中，平均而言，应达到一定的水平。如果一个 8 岁儿童，在智力测验中的表现跟普通 10 岁的孩子一样好，就称这个孩子的智力年龄是 10 岁。比奈试图用智力年龄和实际年龄的差来评估一个孩子的智力水平。到了 1916 年，有位心理学家提出一种新的计算方法，即将心理年龄除以实际年龄，再乘以 100，得出的数叫作智商，用它来作为智力的评定值。这种计算方法从数学上看没有什么道理，但由于借助了更好看的数学表示方法，得到了大家的接受，因而才能够广泛传播。智商用数学公式的形式表示就是：

IQ(智力商数)=MA(智力年龄)/CA(实际年龄)×100

这样就把人的复杂的智力现象，简单地用一个数字表示了出来，但是说一个 8 岁小孩有 7 岁或 9 岁的智力，以及所谓的 "智力年龄"，那只是一种很模糊的看法，所以智商所表达的东西，在多大程度上能说明人的智力，以及预见一个人的未来发展，是一个很有争议的问题。

这个人 "智力低下" 吗

有一个说法是，居然有一位世界级的数学大师，被比奈 - 西蒙智力测量表判定为 "笨人"，他就是被称为 "数学百科全书" 的庞加莱。

庞加莱是法国人，5 岁时曾患过运动神经系统疾病和白喉病，致使他的语言能力、动手写字、绘画能力和视力发育缓慢，但他在智力方面有出众表现，听老师讲课时可以将老师所讲的内容轻松记在脑子里，在思索问题时思想高度集中，特别是数学问题，他可以在头脑里完成复杂的运算和推理。庞加莱 17 岁时，参加巴黎高等工业学校的入学考试，主考老师专门为他设计了两道数学难题，他没有动笔，在脑袋里就轻松地完成了运算，当他报出答案时，让主考老师目瞪口呆。

庞加莱具有神奇的数学能力，几万字的学术论文可以在脑了里完成，书写出来时一字不差。在 20 世纪以来的数学界有一个说法，就是只承认两个半数学家，庞加莱是其中之一，另外一个是冯·诺伊曼，半个是希尔伯特。可见庞加莱在数学史上的地位。这是因为数学的发展形成了众多的数学分支，一般的数学家能精通一个数学分支或几个数学分支已经不错了，而这两个半数学家几乎懂得所有的数学领域。庞加莱几乎在所有数学领域都有贡献，他还是相对论的思想先驱，有人说如果爱因斯坦动作再慢一些的话，"相对论发现者" 的桂冠可能就是庞加莱的了。

庞加莱不但是数学大师中的大师，更是数学界的领军人物，庞加莱的智力差吗？不可能。假如他被测验真的判定为笨人的话，只能说明这个测验是个笨测验。人的智力是不能被一张表格绝对地判定的，这种测试只能作为参考，测验所测的也只是人当时的状态，并不能代表平时的状态和以后的智力发展。

智力测验的发展

智力测验从第一份量表到现在，已经有 100 多年的历史了。此间产生了很多种智力量表，其中最有影响力的是斯坦福—比奈量表和韦克斯勒量表。我国也先后对比奈量表和韦氏量表进行了修订，并推广使用。

斯坦福—比奈量表是斯坦福大学教授推孟根据比奈—西蒙量表修订而成，于 1916 年发表。后来又多次修订，成为当今很有影响的智力测验，是很多智力测验的检验标准。斯坦福—比奈量表主要是用于测量儿童，计分以智力年龄和智商来表示，测验要求一次只能应用于一个儿童，而且使用者只能是受过操作、记录和解释训练的测验人员。

韦克斯勒量表一般指的是心理学家韦克斯勒所编制的几种智力量表，及其修订本。韦氏量表既有测量各年龄段儿童的，也有测量成人的，每一种量表一般包括词语和操作两个分量表。词语量表包含词汇、常识、理解、回忆、发现相似性及数学推理等内容；操作量表包含填图、排列图片、积木图案、物体装配、译码、迷宫等内容。就内容上来说，可以看出和数学的关系也很大，言语量表是概念理解、记忆、归纳和推理类的，操作量表则含有对图形的理解和推理等。这些分测验均可单独记分。在计算智商时，要用数学方法换算，是以同年龄组被试的总体平均数为标准，将个体的测验得分与其同年龄组的平均分数作比较，根据其在该群体中所处的位置来判断其智力的高低，这样计算出的智商称为离差智商。

研究者一般认为，在智商和人的实际智力之间有如下对照关系：

智商（I.Q.）	智力等级
140 以上	天才
120 ~ 140	智力优异
110 ~ 120	智力较高
90 ~ 110	普通智力
80 ~ 90	迟钝

（续表）

70 ～ 80	介乎迟钝与低能之间
70 ～ 25	低能
25 以下	白痴

根据有关统计资料：世界上约有 50% 的人口，智商介于 90 与 110 之间；25% 的人口，智商小于 90；智商介于 110 与 120 者，约占人口 14.5%；介于 120 与 130 者约占 7%；介于 130 与 140 者，约 3%；智商超过 140 者，仅占人口的 0.5%。可见，"天才"与"迟钝"的人都很少，绝大部分的人，都是一般智力。

智力测验和数学测验

虽然人们对智力有各种各样的看法，并设计了各种各样的智力测验的方法，在生活中人们所说的智力，越来越成为一种解决问题的能力，或许还包括记忆力，是一种信息加工能力。语言能力之所以在智力测验中被测试，只是因为人的信息加工过程需要以语言为媒介。

智力测验在很大程度上是数学测验，数学问题始终是任何智力测验都要包括的内容。一份没有数学题的测验就不是智力测验了。而且真正使人感兴趣的，比较流行的智力测验题，事实上就是一系列需要人进行思维的题目，大部分其实就是数学题。这一点我们可以通过观察感觉到。

数学测验也可以看成智力测验，如果去掉数学知识上的成分，一份数学考卷，考察的就是人的推理和计算能力，也是一份智力测验。数学家成为数学家并不是因为他掌握很多数学知识和问题答案，而是因为他们善于通过大脑中的信息过程得到数学问题的答案，这种探究问题答案的能力，是智力测验所要极力把握的内容。

智力活动应该是一种问题解决过程，有时候非常复杂，现代科学也搞不清楚，信息加工过程中正确的逻辑，头脑的灵活性和策略，以及促成创造性的微妙的过程，不是通过一两次智力测验或者数学测验所能够精确地判断的。比如，智力的一个侧面是信息加工的速度，有的心理学家把它称为神经冲动的传导速度，现在还没有一把真正精确的尺子来测量这种速度。

第五节 人生是另一种形式的数学竞赛

一个事实是很大一部分人在学了很多年数学后，在他们的工作岗位上工作一段时间后，就会得出学的数学没有什么用处的结论，但是他们可能没有意识到数学的潜在作用。正如哲学家维特根斯坦论及他的命题时所说："那几乎像是一架待攀登的扶梯，在服务于其目的后将弃之不用。"数学正是一把无形梯子，想在人生中勇攀高峰，带上它有时会有意想不到的作用。

数学能力不仅仅是数学成绩

一个学生数学成绩很好，说明这个学生具有一定的数学能力，但他这种能力并不一定就代表他一定会在将来取得数学方面的成就。我国在参加历年来的奥数比赛中一直是名列前茅，但是很多成绩很优秀的学生后来并没有成为数学家，反而很多年轻的数学家，并不是在奥数竞赛中的得奖者。

一个优秀的数学家是具有数学能力的，美国这些年在奥数比赛中成绩很不理想，但是美国人却是世界上无与抗衡的数学大国，很多了不起的数学家，很多国际知名的数学大奖的获得者却都是美国人。数学上的成就，并不是善于做题那么简单，它还需要更多的创造性。好的数学成绩和数学家的距离肯定更近一些，但是有好的成绩也不等于就一定具备了一个数学家所需要的数学能力。

数学成绩是数学能力加上努力和他的学习环境中的因素的结果，这里一个数学老师的引导和对他的训练的方式关系很大。数学家的成长也是如此，仅仅是数学能力和努力还不够，他的环境氛围，他的导师对他的引导和影响都是很重要的。数学史上的著名数学家常常是某一个数学学派的人，他在这个学派里受到其他人的影响，或受到某个数学大师的影响，这会强有力地影响他在数学领域里的表现。当然这种环境的影响，也会使一个人的数学能力增加，一个人通过数学的学习或研究可以锻炼他的数学能力。

一个人象棋或围棋下得好，人们会认为他如果搞数学的话会是一个有能力的人，他具有数学能力。这么说的话，一个从来没有上过数学的课堂的人，也可以具有较强的数学能力。数学能力可以通过数学方面的学习和研究表现出来，也可以通过其他的领域表现出来，比如在游戏中取得优胜，在生活中能够更快速地更正确地思考，在对案件的侦破过程中更善于进行推理，等等，不过在其他非数学领域的表现不被称为数学能力，而是被认为很聪明。

总而言之，生活环境和工作环境也同样是人们表现和使用他们的数学能力的舞台，他们也在这个环境中不知不觉地使自己的数学能力得到锻炼。一个学生数学成绩低了或者在智力测验中成绩低了，没有关系，他还有机会在社会和生活的测验中拿一个高分，这才是人真正需要的。

数学成绩和人生成绩

当然了，人生比一张考卷上的几道数学题要复杂得多，二者有天渊之别，但是仔细比较一下会发现很有趣，取得数学成绩和取得人生成绩还是有很多相似的地方的。

数学竞赛是需要分秒必争的，一次数学竞赛时间很短，要善于根据问题的难易运筹自己的时间。人生的时间要长得多，但问题的解答也不能错过了时间，所以对于时间的管理是一个专门的技巧，成为一个很热门的话题。在人生中，人们却有不同的节奏，和不同的对时间的感觉。有的人很悠闲，在有些人那里，却是"时间就是金钱，效率就是生命"，似乎是一场和时间的赛跑。

数学竞赛一般是不同的人使用同样的考卷，考试一般有监考人，有考场规则，不容许抄袭，但是也会有一些人通过作弊来提高自己的成绩，但一般被发现的话，考试成绩就会判为0。所以数学考试或数学竞赛，还是得以自己实际的数学水平为基础。

在人生中，每个人似乎使用的是不同的考卷，人生是开卷考试，在考试中可以参阅有关资料，甚至别人的标准答案，人生也要受到很多规则的约束，比如法律、制度、道德，等等，也有一些人犯规、作弊，出了问题，则会受到惩罚，甚至是很严厉的惩罚。虽然人生中是开卷考试，并非所有的时候都需要独立的思考，很多问题可以请教高人，有时候可以抄袭，甚至和大家一起讨论，但毕竟是自己能独立得到答案更加有底气。何况每个人所面对的问题，经常是自己的问题，别人未必会理解这个问题，很多问题从别人或书本上是难以得到现成答案的，所谓的标准答案放在自己这儿未必会真管用，所以自己有智力来思考问题是个人的需要。

在数学竞赛中，一张考卷有老师帮你判定分数；在人生中你的成绩有时候大家有目共睹，会得到社会的赞美或批评，有时候却是冷暖自知，心中暗喜或打碎牙齿自己咽下去。

数学成绩的取得，需要数学知识、数学技巧和考试时的心理素质；要想在人生中取得优秀成绩，不但需要思考的能力，还需要实践技能，正确的答案不是靠写出来就了事，而是必须用行动来说话才行，但是为了更好地行动、也得善于思考。不管是在人生中还是在数学考试中，都需要有一个善于思考的灵活的头脑，这也是数学教育的根本意义之一：对人的思维的训练。

实际生活中要求什么能力

1921 年，美国斯坦福大学的心理学家推孟开始做一项调查，他根据斯坦福—比奈量表筛选出 1400 位天才儿童，对这些人建立档案进行了追踪研究，目的是想要知道这些聪明儿童的将来是不是发展得比别人更好？推孟去世后，他的同事和学生继续作追踪研究一直到 20 世纪 70 年代，然后据结果发表了一篇研究报告。这篇报告使很多人感到惊讶。因为报告显示：这些全美最"聪明"的 1400 位儿童，长大后并没有生活得比别人幸福，也没有比别人更有成就。这是美国心理学家加德纳一本著作的中译本《多元智能》一书开篇抛给读者的一个悬念。

虽然信息技术的出现深刻地改变了以人的智力为基础的数学的运用状态，现在的世界已经远远不同于 20 世纪 70 年代的世界，虽然他们研究问题的方法和结论是值得商榷的，但这个结论仍然给人重要的启示：在社会生活中，传统的智力因素远远不是唯一的在生活中成功的决定因素。

加德纳重新考察了人类智能，先是在他的著作中将人的智能分为七大类：言语－语言智能、逻辑－数学智能、身体－运动智能、视觉－空间智能、音乐－节奏智能、人际关系智能以及内省智能。加德纳后来又加上了两类智能：自然智能和存在智能，前者处理有关自然和生态系统的知识，后者则与诸如生活的意义这样的人类生存的深刻问题有关。按加德纳的说法，每个人的智能都是由这些互相联系却又各自独立的多种能力组合而成，每一个人都具有不同的发展潜能，也能够往不同的方面有突出表现。

145

加德纳把数学能力列为众多生活中发生影响的智能之一，不过分析一下加德纳的智能分类，可以发现：除了音乐－节奏智能和身体－运动智能外，其他的智能都或多或少的和人的思维能力有关系，比如，人际关系智能，理解他人的语言也是需要推理能力的，只是这种推理一般是在生活中自然形成的，和数学的关系要远一些，但也不是没有任何关系。可以说，基本的数学能力是一种较为通用的工具，不管将来做什么，适当的数学经验都是有益无害的。

第六节 数学能力的局限性

从知识的角度来看，如果不是工作需要的话，数学知识除了偶尔用一下作为计量和计算之外，在生活中其实没有什么大用处。数学主要是通过影响人的思维来影响人，但生活中仅仅有思维是不行的，所以数学能力必须和人的实践能力结合，才能真正发挥威力。

思维不等于行动

数学是一种大脑的劳动，这种劳动必须和实际结合才能产生实际价值。笔者在这里并不是在反对纯粹数学，纯粹数学可以看成一种艺术品，一种不是急功近利的爱好。这里是从生活的角度来说的：仅仅是思维而没有行动，就什么也解决不了，是不能产生任何社会价值的。这里有一个和数学家有关的故事：

物理学家和工程师乘着热气球，在大峡谷中迷失了方向。他们高声呼救："喂！我们在哪儿？"过了大约 15 分钟，他们听到回应在山谷中回荡："喂！你们在热气球里！"物理学家道："那家伙一定是个数学家。"工程师不解道："为什么？"物理学家道："因为他用了很长的时间，给出一个完全正确的答案，但答案一点用也没有。"

虽然物理学家和工程师会经常求助于数学，但他们在这个笑话中对数学的批评是有道理的。数学的思维方式是有其弱点的，就是有时候为了追求正确和准确，而忽视了所思维的答案对于生活有没有意义。从生活的角度来看，如果仅仅是思维，而对于行动没有什么实际作用是没有任何价值的，毕竟思维的目的应该是有益于人的生活世界。

社会太复杂

看一下科学的发展历史，可以说取得了古代的所连想都未必能想到的进展。但是人类对于人生、经济和社会的研究，则是非常不成熟的，可以说还很幼稚。所谓社会科学，恐怕只能解释为研究社会现象的学问，因为它还远远不是严格意义上的科学。真正的科学理论是板上钉钉、无可辩驳、令人信服的。而社会科学的大部分理论都是仁者见仁、智者见智，各说各的，谁也说服不了谁，道理一大堆但是不严谨，听起来挺有道理的但是经不起细琢磨，一般人也懒得细琢磨，所以听起来挺有道理的也就姑且听之。

为什么社会科学研究难以科学化？原因很简单，人类太复杂，社会太复杂。如果有关于人的定律，可能比牛顿定律要复杂不知多少倍。人类的心灵可以丈量星空之间的距离，却难以精确预测一张小小股票的走势，因为有各种各样的人在影响着股票的价格，这些人都在根据环境和他人的决策而在变化自己的股票投资战略，从而对股市发生微妙的影响。

数学的思维方式要求知道已知条件和要解决的问题，而社会方面的问题有很多连已知条件都未必能精确地测量和观察，何况还有很多未知的因素在影响着你所期望的结果。以预测股票为例，在数据信息的处理方面，不管是数据的收集还是计算都会是海量数据，还有数据的模糊性和易变的特点，使得现代的数学水平还不能给出令人满意的数学模型进行计算。

数学的思维模式教给我们一种辨别力，赋予我们一种主动的思考能力，不是人云亦云，而是有自己的思考和判断，能够更客观地了解这个世界。但是在生活中，并不是所有的问题都适用数学的思维方式，不能事事要求精确。就像社会科学的问题一样，生活中的有些问题也太复杂，或者是太模糊，经常不能以严谨的思维方式来解决，而是要有一定程度的灵活性，要和经验相结合。

数学只是一种工具

为了获得一种圆满的人生，一个人需要各种各样的生活技能，思考和判断能力只是这诸多能力的一种。数学思维只是人的一个认识工具，但远不是万能工具。曾有位很伟大的科学家绞尽脑汁想证明上帝的存在，这就有点偏执了。假如真有全能的上帝存在，那么全能的上帝还用得着一个人去证明自己的存在吗？有一个哲学家说得或许有点过分："人类一思考，上帝就发笑。"数学思维不是万能的。

人生是需要方向的，数学的思维并不能给人指明生活的方向。数学不是规律的发现者，也不是理论的缔造者，也不能成为人类的道德伦理的裁判者，虽然一切规律和理论都要最终接受数学的思维模式的意见。

数学思维只是存在于人脑内的一种思维模式，是人的认知能力的一部分，进行数学思维的人相当于一个冷静的判断者和观察者，它只是有限地规范强化人的思维器官，将心灵中的观念和命题用逻辑的方法梳理和筛选。但是人生活中的推动力量，经常来自于意识的背后，一种被心理学家称为无意识的东西，这种无意识经常在不为意识所注意地左右着人的思考和行为。数学的思维能力是不能带给人意识之外的东西的，它没有力量给人的生活提供精神的最初动力。

数学归根结底是一种工具，而工具的价值表现主要取决于你如何使用它，而这种工具到底好用不好用，是否适合一个人使用，以及在什么时候使用，则要由事实来说话。

第 7 章

数学活动中的思维

一个数学能力高的人，会表现出较强的解决数学问题或将数学作为工具的应用能力，这其中最本质的能力是思维能力。判断一个人拥有数学智慧的程度，并不总是像判断一张考卷那样简单，这需要对思维的理解。数学家康托在 1883 年提出"数学的本质在于自由"的著名论述，这话有点玄奥，大概是一个数学天才在运用数学思维自由地翱翔时的感悟吧。

第一节 思维和数学思维

思维对人的生活有着重要的影响，思维对人来说既熟悉又神秘，熟悉是因为人能意识到自己的思维，神秘是因为人的思维各不相同，人也难以猜透别人在如何思维。数学思维是具有数学内容和特点的思维，数学虽然在许多人看来那么高深和枯燥，但它来自于人人都具有的能力——思维能力。

我们人类的思维

主管思维的器官是人的大脑的某一个部分，而不是像人的肢体一样可以直观地看到，这使思维不易为人所认识，具有复杂和隐秘的一面。

思维在生理上是一系列电化学运动，在心理上是一些推理、联想，甚至一些苗头等，思维似乎只是人类的事情，但现在有些科学家也在研究一些动物的思维。机器甚至也能思维，电脑不是在思维吗？思维是什么？电脑给人以启示，思维是对信息的加工，是程序支配下的操作。这也正是现代认知心理学的看法。

"我想想"、"想一下"这些词中的"想"就是思维，生活中的思维有几种，进行推断是思维；从一个图像想到另一个图像，这是形象思维；在动作背后也隐藏着思维，这是动作思维；一些感觉或忽然冒出的想法，大概算是直觉思维。

现代科学和心理学的下列看法，可以丰富我们对思维的认识：

1. 思维和语言经常是连在一起的，是人的意识核心。无意识也是人的心理的重要内容。

2. 人脑语言中枢在左半球，主管语言和抽象思维；右半球则主管音乐、绘画等形象思维材料的综合活动。

3. 儿童思维的发展形象思维先于语言，也先于抽象思维，抽象思维和语言关系密切，形象思维不靠语言。

4. 人的思维能力在生活中并不是恒定不变的，像人体一样，它们也有发育、成长、成熟再到衰老的过程。

数学活动中的思维

数学的内容一般是对现实的抽象，包括空间形式、数量关系、结构关系等。人的思维用于数学上就是数学思维，在生活中的思维一般可以用语言或图形的形式来表达，也有些时候是只可意会，而难以言传的；数学的思维用语言表达有时候也会很困难，但一般可以用数学的语言进行表达，语言也是数学思维的最主要的媒介。

除了心理的过程外，和数学有关的人的行为很多，包括和数学有关的实践活动。这所有和数学有关的心理和行为，可以统称为数学活动。思维是数学活动中最难的部分。从信息的处理过程上来说，神经系统收集和理解信息，产生感觉、联想，进行推理和计算，进行检验，得到结果，以及为了进行表达所进行的思维，和具体的表达过程，这所有的过程之中渗透着思维。

数学思维至于思维，就像运动员跑步对于一般生活中的跑步。在生活中的人们跑步是随意的，运动员的跑步则是经过训练的，在技术上要强于常人，跑得更快，进行比赛还要符合一定的规则，要在专门的跑道上。同样地，相对于一般的思维，数学思维要遵守一定的规则，数学训练也使人的思维在技术上更高一筹，思维效果也更令人放心和有效率。就像运动使肌肉强健一样，对数学的思维反过来又在塑造着人的思维。

就信息加工中的逻辑性和计算的准确性来说，数学思维和电脑的运算最为相似。电脑毕竟是数学家和其他科学家与工程师智慧的产物，有人说电脑是机械的外壳、数学的灵魂。虽然电脑具有强大的计算能力和速度，但人在数学思维中的很多特点是电脑不具备的，比如直觉、创造性。电脑的程序是人为编制的，而人的数学思维的程序则是灵活的智慧特性，是难以把握的。作为人的创造物，电脑在功能上要达到人的数学思维的境界，还有一段漫长的甚至未必有尽头的路要走。

数学对思维的要求

从形式上来说，数学思维一般离开具体的事物，运用概念、判断和推理等，是一种抽象的思维，人的抽象能力也是在感性的基础上形成的。数学中的形象思维一般是一种理想化的图形，也可以看成抽象的思维；数学的直觉思维是一种很难描述的人类感觉；动作思维也是数学思维的一种形式，这可以从刚开始学习数学的儿童的表现上看到，就是在思维过程中依赖实际动作，动作停止，思维也即停止。

从方法上来说，思维的过程是一种程序，具体的过程包括抽象与概括、比较与分类、归纳与演绎、变换与转化、分解与组合、模型化与系统化、集合与映射、联想与猜想，等等。研究者将数学的思维方法上升到思想的层次，认为数学思想可以概括为"符号化与变换的思想"、"集合与对应的思想"和"公理化与结构的思想"这三个方面。领会了数学的思想方法，才算真正学会了数学的思维。

从思维方式上来说，数学对人的思维品质提出了要求。思维品质是决定数学能力和数学成绩的重要因素，良好的思维品质例如：

1. 注意力集中，能调动自己的精神指向问题。

2. 具有深刻性和广阔性，既能认清问题实质，又能兼顾整体和细节。

3. 逻辑正确又思维灵活，不但逻辑严谨，而且能根据问题及时调整思维方式。

4. 具有批判性和独创性，不轻信盲从，能从不同的角度以不同的方法发现和解决问题等。

数学活动对人的思维提出了严格的要求，要求人把握数学的概念，掌握数学的思想方法，形成良好的思维品质。数学能力强的人表现为更善于适应数学的要求，从而使面前的数学之路成为一条高速公路。

第二节 数学的直觉思维

虽然一提到数学，人们就自然会联想到逻辑，但直觉却是数学的另一个源头，并且是数学大厦建立的基石。大数学家希尔伯特曾强调说："数学知识终究要依赖于某种类型的直觉洞察力。"逻辑在数学教学中经常被强调，使人们忽视了直觉的存在，然而他却是数学世界里最原始的居民。当我们在讨论数学问题，说"我感觉……"的时候，就是直觉思维在我们大脑里边点亮了一盏灯。

对于在社会中自由和轻松的生活着的人们来说，逻辑经常是一件不怎么使用的奢侈品。生活中的行为的背后，更多的是人的直觉和经验。促成人的行为的看法是怎么形成的呢？一种是靠直觉，一种是靠推理。生活中看法的形成更多靠直觉，直觉是人的天赋能力，是人的基于本能的认识世界的模式，并在生活实践中随着经验的积累不断完善。比方说人们在生活中的数量观念，1+1 的结果是 2，等等，都是来自于人的直觉，并且这一类的直觉产生了原始的数学，以及形成了人脑中的基础数学概念。在直觉的基础上，我国古代数学在计算等方面有领先的数学技巧。古希腊严密的几何体系，仅靠逻辑也是不行的，建立在直觉基础上的公设是它们的基础。

人的经历是有限的，感觉和直觉不足以了解所有需要的知识，推理将人们的眼界打开。推理有合情推理和逻辑推理。在生活中的推理，一般来说，逻辑不够严密，是"合情推理"或者叫"似真推理"。合情推理是根据已有的经验和结论，以及个人的经验和直觉等推测某些结果的推理过程，归纳、类比是合情推理常用的思维方法。可以说合情推理是直觉和逻辑的混合，对于合情推理的正确性，在逻辑上人们在生活中并不一定深究，但总会以直觉来判断推理和结果的正确性。其实在生活中进行计算等，人们也是满足于在直觉意义上使用数学。

在数学上经常要用到直觉思维、逻辑推理的学习，也是一个由直觉思维向逻辑思维过渡的过程。直觉和合情推理具有猜测和发现结论、探索和提供思路的作用，有利于创新意识的培养。在解数学问题的过程中，人一般总是借助于直觉或合情推理，得出思路，并通过逻辑和数学规则来判断其正确性，最后再付诸严谨的数学表达。所以具有严谨的逻辑的数学著作，虽字面上让人难以看到直觉，但在其背后，一定有数学工作者的直觉思维在作为推动力量发挥我们没有想到的作用。

直觉的使用始终是数学思维的有效手段。华罗庚先生说："数缺形时少直观，形缺数时难入微。"用形也可以表示数，形的方法使数的变化看起来更直观，比如用图形来表示函数，这使我们对函数的理解和把握更深刻和全面。几何学有形象化的好处，几何会给人以数学直觉。所以说不能把几何学等同于逻辑推理。训练逻辑推理能力是必要的，但也应适可而止。只会推理，缺乏数学直觉，是不会有创造性的。数学等于逻辑的观念已经落后了。

直觉还是高深的数学创造的前奏，在数学研究中也要频繁使用直觉，看看数学家丘成桐的这段话:"浓厚的感情使我们对研究的对象产生直觉,这种直觉看对象而定,例如在几何上叫作几何直觉。好的数学家会将这种直觉写出来,有时可以用来证明定理,有时可以用来猜测新的命题或提出新的学说。"出众的直觉是数学家所需要并梦寐以求的,有一位数学家说过:"有一个神话说数学家必须是计算神速的。这是不对的——数学主要靠直觉和掌握理论概念的能力。如果一个数学家有了这些才能,他就别无他求了。"

由于直觉的重要性,在数学基础研究的历史上,还产生了一个以曾提出有名的不动点定理的荷兰数学家布劳威尔为代表的"直觉主义学派"。他们强调直觉的重要性,主张直觉才是数学的唯一基础;把数学思维理解为一种创造性程序,认为数学必须受到基本的数学直觉的限制。直觉主义的直觉正是指的人的思维层面的一种思维本能。

第三节 证明的思维模式

从一组原始概念和命题(即公理)出发,经过逻辑推理得到一系列的定理和结论,这是数学思维的重要特点,也是数学学科得到人们尊重的最主要原因之一。靠着这种思维方式,数学得以形成庞大的体系,并在各门学科中被广泛应用。证明是人的一种理性的探索精神,很明显,如果没有这种精神,也就不会有现代数学!当然也不会有现存的数学证明的规范。

数学中的推理与证明

数学之所以博得严谨的美名,是因为数学中的证明。虽然生活中的人们也会经常通过论述来证明一些观点,但数学中的证明却给人鲜明的印象:原来论述一个道理可以有这种方法,每一个词或符号的意义都是精确的,每一个推导过程都是有根有据的,令人不得不信服。

人们较全面地了解数学证明,一般是从学习平面几何开始的。在平面几何中,采用演绎推理的方法,从最简单的几个公设开始,得出一系列使人不得不信服的命题和结论。不光是几何，代数以及所有的数学分支，都要讲证明，将每一个步骤都建立在正确的逻辑推理的基础上。例如，在解方程时，把一个方程化成另一个方程，要讲"同解"的道理；使用一种计算方法解决问题，也要论证其合理性。逻辑推理是任何数学都要讲究的方法，证明是数学的基本思维模式，数学结论的正确性必须通过逻辑证明来保证。

证明的过程要讲逻辑。在中学的语文里也讲逻辑，哲学里也要谈到逻辑，三段论就是一个被经常提到和用到的逻辑规则。但是数学证明里的逻辑要远远超过这些人文学科所探讨和使用的逻辑。数学证明中对逻辑的使用，使人更深刻地认识到了人类思维的神秘力量，并使人类的这一能力得到最恰当地运用，从而充分发挥人类把握客观世界秩序的天赋力量。在了解人类思维的逻辑规律方面，在数学里边有数理逻辑这门学科，它对人类思维方式的认识有更精确的把握。

在数学中，演绎推理根据已被认可的事实（在数学中包括定义、公理、定理等），按照严格的逻辑法则推导出新的结论，一般来说，承认作为前提的事实就不得不接受推导出的新命题，即在前提正确的基础上，用正确的演绎推理得出的结论就必然是正确的。演绎推理的方法，包括直接证明的方法(如分析法、综合法、数学归纳法）和间接证明的方法（如反证法）等。

由于接触到的数学文献都具有鲜明的演绎逻辑的特征，使人们容易忽视在数学中同样重要的另一种推理形式，即合情推理。合情推理虽然没有那么严格，但严格的数学证明的结论，其最初的雏形却一般来自于合情推理。定理和结论常常是由富有数学创造力的人通过合情推理的形式首先得到，然后才付诸演绎的证明。合情推理具有猜想的特征，很多数学上著名的猜想比如哥德巴赫猜想等，正是来自于合情推理。

数学上的合情推理是从一般的数据得到一个数学表达的过程，是新的公式和理论结果的源泉，代表着一种创造力。另外，在解决实际问题的时候也较多地使用合情推理。遗憾的是，从小到大，我们所受到的训练是重视和突出演绎推理的训练，我们习惯去证明已经给出的公式，而不是自己去归纳出一个新的公式，或者是只是去模仿现成的例子，这是不是造成了现在所谓的创新能力不足呢？或许正是在数学教育中对合情推理的方法没有足够的重视，使我们对一般的数据不善于进行归纳，从而失去了发现更深的内在规律的可能。

数学证明的思维过程

在数学中进行证明有时很容易，有时极难。数学证明的困难把很多人挡在了数学大门之外，但这也正是数学的迷人之处。数学界的传奇人物高斯曾说过："数学中的一些美丽定理具有这样的特性：它们极易从事实中归纳出来，但证明却隐藏得极深。"

考虑一下人们是如何证明数学问题的？证明过程中所进行的思考是人主动探索、力求达到目标的过程，还是一种活动，像其他活动比如打篮球一样，不同的是这种思索一般只存在于神经系统内，不被他人看到，但有时候，这种活动的有些部分，会通过说话等方式表现出来。

人们打篮球要靠球感，在快速运动中来不及去做逻辑判断，动作是下意识的，而下意识的动作是各种经验和练习累积的结果，是一种直觉。打篮球有观察球场形势、传球、带球、投篮等一系列动作组成，一个善于学习的人还会根据自己在球场上的表现对自己的动作进行反省和调整。在证明的思考过程中也是这样，证明中有对已知条件的把握、联想、类比、归纳、实验、反思等思维活动，再在这个基础上寻求演绎的证明，并通过尝试证明的过程，对已有的猜想做出反馈，并据此进行调控。这些活动也是学习、练习、经验的积累的结果，也可以是下意识的、直觉的。

一个完整的数学证明可以分解为许多基本运算或多个"演绎推理元素"，一个成功的组合，仿佛是一条从出发点到目的地的通道，一个个基本运算和"演绎推理元素"就是这条通道的一个个路段，从一个成功的证明摆在我们面前开始，逻辑可以帮助我们确信沿着这条路必定能顺利地到达目的地，但是逻辑却不能告诉我们，为什么以及怎样选取这些路径和组合来构成通向目的地的通道。事实上，出发不久就会遇上岔路口或迷宫，也就是遇上了正确选择构成通道的路段的问题。这时候能帮上忙的是直觉和经验。数学家笛卡尔也曾说过，在数学推理中的每一步，直觉能力都是不可缺少的。

打篮球是一种充满乐趣的活动，有些人却没有这种爱好，是因为没有掌握打篮球的技巧，并体会到其中的好玩的成分。在证明的过程中，从通过各种思考提出证明方案到进行验证的整个过程，是主动的探索活动，也可以是充满乐趣的，所以陈省身先生会说"数学好玩"。虽然一些人对数学证明入迷，不过很多人没有体会到其中的乐趣，这也像打篮球一样。这启示我们在数学证明的教与学中，要重视逻辑，但不要让逻辑掩盖住直觉的光环，自由的心灵探索活动才是数学发现和创造力的源泉。

第四节　问题解决的思维模式

在学校，里数学是一门最特殊的学科，因为数学最重视做题。从 20 世纪 50 年代开始流行的数学基础训练，把数学作为思想的体操，强调的中心也是做题的能力。数学教育的思想现在已经发生了变化，但还在强调问题解决能力，做题仍然是必不可少的学习数学的手段。

数学与数学问题

在提出问题和解答问题方面，数学是所有学科里面最为特殊的一门科学。在数学的发展史上，提出问题的能力同解答问题一样重要，有很多的例子可以说明，数学问题是数学发展的主要源泉。数学的迷人之处之一是看似最简单的问题，却可能最难解决，一个简单的问题的解答，也可能产生一门新的数学分支。数学家们为了解答这些问题，要花费较大力量和较多时间。尽管还有一些问题仍然没有得到解答，然而在这个过程中，他们创立了不少的新概念、新理论、新方法，这些才是数学中最有价值的东西。

一张考卷、一次作业考验的最主要的是人解数学题的能力。自己有的知识，自己未必会用，解题中不能应用知识则知识对于解题是没有任何价值的。在数学里，必须会运用知识解决问题，才算是真正地掌握了数学。所以，从某种意义上说，学校里的数学课是实践性很强的学科，只不过这种实践主要是纸上作业而已。

解题考验的是人的智慧，一种综合的能力。在解决问题的时候，集中注意力的能力、灵活的头脑、思维的心理状态都很重要，偶然间闪过的念头也不容忽视。数学智慧不在于掌握很多的高深知识，而在于有一种思考力，能够将问题进行转换；能够甚至站在比问题更高的高度看问题；能够拨云见日，将看似复杂的问题做最简单的理解；能排除一切干扰，集中自己的智慧用于解决问题。

数学问题一般都有标准答案，并且可以马上查到。所以数学非常适合自学。数学问题的安排一般是从简单到困难，一步一步往上爬，而且在爬的过程中会有喜悦。如果一个数学题的正确答案只有通过一种方法才能得到，那这道题真是缺乏挑战性。很多数学题都有不同的解决方法，有简单有复杂。找出最为简单的问题解决办法，对于有些问题来说，似乎是迷人的游戏。和写作不同，数学问题的标准答案只有一个，不论人的智商高低，只要答案正确，成绩都一样，这正像人生，只要做到应该做的事情，并生活得幸福，结果都是一样的。

解题的思考方式

数学的思维方法很多，抄近路或走远路均可。有的人只会照本宣科按照一种方法解题，当看到问题，便会按照老方法一步一步地解题；有的人在看到问题时，则会盘算一下，看是不是有更好更省力的解题方法。同样是答案正确，但人的思考方法不同，这种思考方法就是人的解题能力的最大区别。

数学家擅长数学并非因为他们知道事实，而是因为他们能推导出答案。证明类的问题，推导的过程需要证明的思维模式，其他类的数学问题的解决，也包含着推理的过程，也需要证明的思维模式，比如进行运算就是运算技能与逻辑推理的结合。因此在解决问题的教与学中，知道答案并不是重要的，重要的是了解思想的方法，学会思考的过程。所以在数学的教与学中，更应该强调对过程的理解，而不是知道过程和结论。

在解决问题的过程中，分析问题、选择解法往往以似真推理为主，而解题方法的具体实施则多与逻辑推理相关。解题的过程既可以整体地看，也可以局部地看，无论是局部的或整体的思维过程，都是由观察、联想、比较、分析、综合、概括、抽象、归纳、演绎、表达等因素组成。所以解题的能力在于各种数学技巧的掌握，并将他们进行灵活地组合和运用。大数学家庞加莱认为，这种组合的能力是一种直觉能力。

解题者能否找到解题思路，能够找到一种思路还是多种思路，在每种思路的分析中深入的程度如何，以及思维的灵活性、敏捷性、独创性和批判性等不同的侧面还反映着人的数学思维的能力水平。比如在形象思维方面，以几何问题为例，观察图形、形成表象、思考分析时的联想和想象等，都需要空间观念和空间方面的思维能力。这包括能由形状简单的实物想象出几何图形，由几何图形想象出实物的形状，由较复杂的平面图形分解出简单的、基本的图形，在基本的图形中找出基本元素及其关系，能根据条件做出或画出图形，等等。

在解题之初，往往需要进行直觉判断，需要联想头脑中已有的数学知识以及和题目相关的各种公式和定理等，以寻求解题的思路。在解题所进行的思考中，能天然的如鱼得水地掌握各种思考技能，有一种直觉尤其重要，是使自己能够比别人更高明的解决问题的决定因素。好的直觉能带来创造性，什么是创造性？就是别人想不到的他能想到，能够发现解决问题的新的方法，能够以新的思想和眼光看问题。直觉则是数学训练和个人数学素质相结合的产物。

第五节 现代数学的思维特征

数学体系基本上是一个演绎体系，这是人的理性精神的体现。全世界成千上万的数学工作者正在几十个分支、成百个专门方向上开展着研究，他们每年提出大约 20 万条新定理来完善这个体系。由于时代的发展，现代数学在思维的领域和思维方式上有一些值得注意的特征。

形式化和对数学的新认识

只有经过证明的东西才是令人放心的，数学家的执着和构建理性大厦的美学追求在以希尔伯特为代表的数学家身上有鲜明的体现，1922 年，希尔伯特提出数学要彻底形式化的主张，形成了数学基础研究中的"形式主义学派"。形式主义学派认为：数学实际上就是一个形式系统，可以建立这样一组公理，从它们出发，按照演绎推理的规则，能纯形式地推导出数学的一切，并且不导致矛盾。他们做了大量使数学基础更稳固的工作，并导致了元数学的产生，把数学证明作为对象还研究产生了"证明论"，元数学和证明论是两项重大的数学成果，它使数学研究达到一个崭新的高度。

1931 年，奥地利的哥德尔证明了公理化数学体系的不完备性，这似乎表明形式主义学派的美梦不可能完全实现。这提醒人们对逻辑和证明问题进行反思，思维形式的价值并不是由逻辑唯一决定的。具有重要意义的是，希尔伯特关于数学的形式化结构的理论，本质上也基于某种直觉。即使在最纯粹的逻辑推理或公理化方面，直觉总是以这种或那种方式，或明或暗地作为最活跃的因素在数学中起着作用。

虽然数学演绎证明已经不能对数学结论的正确性做出逻辑上的绝对保证，但现实的经验仍然赋予数学绝对可靠的地位，数学证明的意义已经发生了演变。英国数学家哈代说的话可能有些极端："严格说起来根本没有所谓数学证明……归根到底我们只是在指指点点……它是为打动某些人而编造的一堆华丽辞藻，是讲演时来演示的图片，是激发小学生想象力的工具。"不过他的看法给我们这样的启示：演绎思维对于数学来说只是一个必须使用的工具，更重要的是数学发现和运用数学解决问题的创造性思维模式。

计算机化

现代数学的一个特征是，一些数学家们把过去在大脑里进行的一些过程，搬到了计算机里进行了，利用计算机同样可以导致数学发现。早在 20 世纪 20 年代，就有数学家开始着手研究分形几何，但是由于这种几何图形的惊人复杂性，没有取得根本的成果。直到 60 年代以后，美国数学家曼德勃罗开始用计算机来画图，才使分形几何得到了真正的发展。因此人们普遍认为分形几何是由曼德勃罗创始的。

1976 年 6 月，发生了一件轰动数学界的大事：困扰数学家们 100 多年的"四色定理"终于被证明了。证明是由美国数学家阿佩尔和哈肯利用高速计算机工作 1200 个小时才完成的。如果这一过程要人工计算的话，大概得用几十万年的时间。《伊利诺斯数学》杂志的审稿人，对阿佩尔与哈肯证明的审查，也是通过计算机来实现的。美国数学家的贡献主要不在于证明四色定理本身，而在于用计算机解决了人们多年来无法解决的理论问题。它表明：靠人与机器合作，有可能完成连最著名的数学家至今也束手无策的工作，标志着人类认识能力的一个飞跃，极大地推动了以计算机为基础的人工智能的发展。

在 20 世纪 70 年代，我国数学家吴文俊运用计算机工具，设计自己的算法，开创了数学定理机械化证明的新路，以杰出的创新成果获得我国首届国家最高科学技术奖。

由于计算机的介入，新一代的数学家已经开始在计算机上实验自己的各种思想。甚至他们宣布自己是实验数学家，着手建立数学实验室，创办《实验数学》杂志。同时他们对数学提出了一些新的看法：

1. 对数学追求的是理解，而不是证明。

2. 重视发现与创造，数学的本质在于思想的充分自由与发挥人的创造能力。

3. 追求对解决问题的数学精神，利用数学更好地解决、处理复杂的自然现象。

数学模型的创新和现实问题解决

提出新的数学模型，在数学工作中一直是一种备受青睐并意义深远的数学思维模式。比如群的概念的提出，群是刻画对称性的数学概念，对称是自然界一种十分重要的性质，像轴对称、中心对称等。现代数学里群论是一个重要的研究方向，并且群论有着广泛的应用。集合论是德国数学家康托在 19 世纪末创立的，集合相对于数学中传统的数和形是一个非常创新的概念，使用集合语言，可以简洁、准确地表达数学的一些内容。在现代数学里集合论已经作为非常基础性的工具被广泛使用，集合语言成了现代数学的基本语言。

在现代社会的各行各业，有大量的问题等待着解决。解决这些问题的最可靠的方法是建立数学模型，借助于数学式的思维来找到答案。这使得数学和数学家的工作能对现实生活产生举足轻重的影响，数学建模成为人们日益重视的课题。有人预言：未来只有 10% 的数学家以发表论文为目的，绝大多数数学家将会致力于使用和构造数学模型，利用计算机手段来为应用领域解决实际问题。

用数学方法解决现实问题，首先就要将现实问题模型化，使它演变为具有数学特征，或具有明确关系的形式结构，以能够数学地把握它。模型化的思维方式一般有两种：一种是用分析的方式构造模型，首先充分了解影响问题解决的各种因素，分析影响的程度和方式，进而寻找适当的数学方法，对各个因素及其相互关系进行定量表达，从而形成一个可以用数学的方式探究的数学模型；另一种是用统计的方式，它是对影响问题的诸因素及其相互关系采用统计方法构造出统计模型。从运筹学，到信息论，再到运用数学的交叉学科和实际领域，数学建模这一类思维模式都在发挥着强大的作用。

第六节 数学思维的动力机制

不了解数学的人可能不会知道数学对于一些人的魅力。四色定理已经被人证明了，但社会上仍然有人在勤奋地思考这个问题，试图用所掌握的有限的初等数学的知识来解决这个问题，甚至有些人声称找到了问题的答案。

在数学界，数学家穷毕生精力考虑数学难题的例子更是比比皆是。最狂热的例子是原籍匈牙利的著名数学家埃尔德什。埃尔德什被称为"20世纪的欧拉"，和哥德尔、拉马努金并列为20世纪三个数学奇才，他一生参与了1475篇论文的写作，而且篇篇都有分量。1999年3月，美国著名的《时代周刊》将埃尔德什列为20世纪50个头脑强人之一。

埃尔德什在20世纪30年代已在数学上崭露头角。为了逃避希特勒的迫害，埃尔德什开始周游世界，不料这个习惯保持终生。周游世界干什么呢？和他人一起探讨和研究数学，据称他有过485个合作者的世界纪录。通常情况是，埃尔德什跨进一位数学家的大门，宣布"我的头脑敞开着"，然后就和别人展开研究。临走时，则说"另一个屋顶，另一个证明"。令人惊奇的是，据说有一次在火车上，埃尔德什与一名列车员合写了一篇论文！埃尔德什把分分秒秒都用于数学研究，1996年他生命结束的那一天还在参加数学学术会议。

埃尔德什对数学的痴迷已经传为佳话，从1980年起，西方数学家和记者写了大量文章介绍埃尔德什的传奇经历和卓越贡献，曾有一本畅销书《数字情种》就是介绍他的生平事迹的。埃尔德什对数学的钟爱在数学界仅仅是冰山一角，有太多的人为数学而忘我而献身了。那么，促成一个人孜孜不倦、废寝忘食地反复思考数学问题甚至是同一个数学问题的动机是什么?

罗素说:"在数学中最令我欣喜的,是那些能够被证明的东西。"很多数学家沉迷于证明之美。他们认为简洁漂亮的证明,是人类无与伦比的杰作。爱因斯坦对此深有感触,他说:"渴望先定的和谐,是无穷耐心和毅力的源泉。"埃尔德什则有一句最有名的口头禅:"最好的证明都写在上帝的书上,数学家就是那些有幸瞥见一页半纸的人。"数学家和文学家相反,为了得到一个完美的证明,要花费大量心思把一个冗长的证明简化,拿去发表,稿酬恐怕会少了许多吧,不过为了数学他们可能就顾不得算这笔经济上的账了。

人们对数学的迷恋往往是从兴趣开始的,由兴趣产生动机,由动机到探索,由探索到成功,在成功的快感中产生的新的兴趣和动机,推动数学学习或数学创造上的不断成功。在人的数学思考中,最活跃的情感、动机因素是对数学问题的兴趣,包括好奇心、求知欲,表现为对于数学思考和数学问题的主动精神。对于有些人来说,好像上天赋予他们一个聪明的头脑,就是要让他们对数学感兴趣的。

习惯对所有的人都具有强大的作用,沉浸于数学思维的人的动力因素之一应该在于他们思考数学问题的行为习惯。在长时期的数学学习或研究过程中,人会形成一个比较稳固的习惯性的思考和解答数学问题的思维模式。这种解决数学问题的思维模式是数学知识的积累和解题经验、技能的汇聚,它有利于人们按照一定的程序思考数学问题,比较顺利地求得同类数学问题的最终答案,同时这种惯性也是一个人数学思考的推动力量。在数学学习中,思维的惯性也会带来许多负面影响,就是对解决新的非常规的数学问题是一种不利因素。

可以设想,在数学思维中还有一种竞赛的乐趣,对于参加奥林匹克数学竞赛的选手或者参加一次平常的数学考试的学生来说,取得好成绩是他们数学学习的动力因素之一。一个数学家废寝忘食地思考一个难题,或许也有担心思考同一个问题的其他人捷足先登的原因在激励着他的思考过程。所以说数学方面的思考像下棋一样带有一些竞技性质。

经济和名誉的因素也有助于人持续地重复某一类行为,但这常常不是决定的因素。由于数学的重要性,数学表现出了巨大的价值,有才智的数学家得到了社会的尊重,社会会回馈有创造的数学家一定的名誉和经济地位,这肯定也是促进人们进行数学思考的重要力量。另外,一个小学生也不会对家长和学校的表扬甚至物质的奖励毫不动心,这会在他的学习中有所表现。但这种动力因素如果和兴趣相比的话不够直接和持久，这也是一些家长会对子女的不好的数学成绩无计可施的原因之一。

除此以外，环境、自信心、意志力以及具体的情绪的因素，都是在某种程度上决定人的数学思维的重要因素，比如环境中的榜样会影响人对数学的参与程度，甚至思考问题的方式，不过由于篇幅有限，就不进行探讨了。

第七节 数学学习障碍

这里说的数学学习障碍，主要是指心理障碍，是影响学习者达到学习目标的各种心理因素。这些因素制约、阻碍着学习者发挥积极主动的精神持久有效地学习数学，不利于学习者发展智力和创造性思维、影响他们的数学成绩和数学技能的掌握。

这里列举一下几个方面的表现：

1. 心理发展水平的制约。

根据皮亚杰的发生心理学理论，人的认知水平受心理发育水平的影响，儿童必须到一定的年龄阶段才能形成一定的运算能力，这种能力严格地说是一种生理上的能力。当然根据发育状态和不同的天赋环境原因，相同年龄的不同儿童会有不同的发育水平，表现出不同的数学学习能力，所以在数学教育和数学学习中要考虑这个因素的影响，根据实际情况制定学习策略。

2. 情绪障碍。

在数学思维中人有情绪的波动，有的人喜欢思考数学问题，有的人一开始思考数学问题就头疼，因此对考虑数学问题很厌倦，在压力下考虑数学问题甚至会产生愤怒情绪。在数学学习中就要克服不良情绪，不要使这种情绪因素成为自己学习的障碍。情绪化是指缺乏对自己情绪的控制，其核心为不善于克制不良情绪。在数学学习中，有的人往往由于过度自信而产生浮躁情绪，而另一部分人则由于信心不足而产生焦虑情绪。这两种情绪的出现，都不利于学习数学。

3．数学焦虑综合征。

各种原因会使一些学习者在数学学习中产生一些综合的症状，具有这种症状的人虽然似乎在思考，但是没有效率的同时伴随着情绪紧张，我们可以称之为"数学焦虑综合征"，这可以看成一种可以矫治的心理疾病。据有关资料，美国心理学家阿什克拉夫特博士指出，他在研究中发现了一种名为"数学焦虑综合征"的疾病。他说，有时只是进行一次简单的数学计算也会导致一直身体非常健康的人突然间产生极度恐惧的反应，从而引发这种疾病。患有这种综合征的病人往往在被迫进行数字计算时会感到血压骤然升高，心跳加速而且记忆力减退。患者在进行数学计算时由于将过多的精力浪费在担心和恐惧方面，所以反倒没有时间和精力来思考答案，而无法与他人一样计算出结果。这更加剧了他们的恐惧感。

4．自我调控能力障碍。

古话说，"知错能改，善莫大焉"，一个人如果容忍、原谅自己的错误，就不能提高和进步。有的学习者善于总结，对自己要求严格，遇到不懂、不会的问题，会想办法通过思考或者询问他人解决它，有的学习者则没有这个过程，这也是造成数学学习上的不适应的一个很常见的原因。学习并不总是一个一帆风顺的过程，各种各样的因素会影响到学习者的学习过程，只要能够善于总结，从过去的错误中改正过来，在数学学习中就能不断进步。如果缺乏自我改正错误的良好心理状态，会对学习者的学习效果有重要的影响。

5．知识基础障碍。

数学知识是前后联系的，数学课程的编排一般是从易到难循序渐进的，比如除法运算没有掌握，就会影响到后续的更复杂的四则混合运算的学习，也不可能掌握包含除法的复杂运算，这就会使学习者产生消极畏难心理，长期下去就可能形成一种逃避的心理状态。

6．交流障碍。

人在社会化的过程中会形成各种各样的心理特点，特别是有些少年儿童会有一种羞怯、恐惧的心态，不善于和他人交流，比如有些数学问题自己应该解决而不能解决，这时候就应该询问老师或同学，但有的学生却因为各种各样的原因不去询问他人。久而久之，就构成了一种在数学学习上的交流障碍。社会化的过程是一种社会学习的过程，但并不是所有的人都能够在这个过程中顺利地发展。

7. 表达障碍。

有的学习者很聪明，对于一个问题可以较好地解决，更快速地得到答案，但是在具体组织答案的时候却遇到了问题，就是不知道应该如何去表达自己的思维，这种障碍仅仅通过测验成绩是看不出来的。数学有自己的一套语言符号系统，语言的学习和熟练使用需要一个过程，需要反复的练习才能够对数学语言挥洒自如的运用。

8. 注意力障碍。

持续地保持某种程度的注意力是任何学习过程的重要因素，数学学习更是一个需要高度注意力的学习活动。有些学生不能达到较好的学习效果，根本原因在于不能在学习活动中集中注意力。注意力和兴趣有关，和环境有关，也和学习的习惯有关，良好的注意力需要培养。对于有些儿童来说：注意力还可能是一个心理疾病的问题，比如患有多动症的儿童，对于从事的一般活动就难以有持久的注意力。

9. 厌学心理。

每一个学习者都有对学习厌倦的过程，人不可能持续地保持对数学学习的注意力，偶尔出现的对学习的厌倦是正常的，持续较久的对数学学习的厌倦就是问题了，应该想办法解决。"难"、"繁"历来是学生学习数学的"拦路虎"，是多数学生厌恶数学课、怕数学的心理原因。厌学心态和兴趣相反，会阻碍数学学习的主动参与，学习者不能调动自己的情绪进行深入地学习，影响对数学问题的深入理解和自我创造性思维的发挥。对学习的厌倦是各种复杂的心理共同作用的结果，没有自信心、对学习的迷惑、得不到鼓励、不断地被指责，以及电子游戏等不良习惯的影响都会成为产生厌学情绪的原因。

人的心理因素是复杂的，除了这些数学学习的障碍因素之外，还可以列举很多，注意一下人们数学学习的学习过程就可以发现。有些障碍可能较为容易地改变，有些可能难以改变，因为形成数学学习障碍的原因是多方面的，数学学习过程中的"困惑"、"曲解"或"误会"都可以导致学习的障碍。心理的改变不是一朝一夕的事情，而是一个灵魂的工程，作为灵魂工程师的学校教师可以在这方面发挥重要的影响。

第 **8** 章

数学教育与数学竞赛

　　教育作为人的灵魂的工程，其困难程度因为难以衡量总是被人低估。语文教育在读书识字方面成绩显著，但是耗费的时间也很可观，在使大多数人学好说话和作文方面成绩并不十分理想。英语教育得到了足够的重视，结果是分数上去了，但培养的大多是很奇怪的"哑巴英语"。这些从侧面对数学教育可以提供有益的借鉴，数学教育也不应该培养"哑巴数学"。要使学习者善于融自己的智慧于现实生活中，而不仅仅是算算账，以便可以解决实实在在的问题，并能够更有效率地进行思考和表达，使受教育者成为一个更有活力、更完善的人。

第一节 孩子们和数学

丰富的数学学科是无数数学研究者的智慧结晶，但数学天才也得是从儿童阶段成长起来的，或许可以说，数学作为一种人类文明，它的源头其实从某种意义上来自于一个孩子的幼小心灵。孩子在具体的知识上可能是无知的，但是他的学习能力、他的在智慧上发展自己的能力、他的头脑的可塑性，则为他的发展提供了难以预料的可能性。对孩子的数学教育应该关注孩子的心理和生理特点，并且根据这种特点来设计具体的方案。

遗传和环境

在生活中，很多人在谈论哪个孩子聪明不聪明的时候，常常会想到他的父母是做什么工作的，是不是聪明人，以及他幼小时候的营养怎么样，等等，这种想法潜藏的意识是认为遗传和营养是使一个人变聪明的主要原因。但是这种看法很不全面，现代心理学和科学方面的进展告诉我们，正确的看法应该是：智力部分地由基因决定，部分地是环境影响的结果，其中经验和专门的训练起着特别重要的作用，智力是可以在学习中发展的。与此相应的，学习数学也有助于发展人的数学方面的能力，不过这有一个把握好合适的年龄以及学习的方法的问题。

遗传和营养为儿童智能的发展提供了物质基础，人类的基因使人类相对于其他生物拥有了数学方面的智能优势，有可能在数学发面发展自己的智慧，所以美国心理学家霍尔有一句广为人知的话："一两遗传胜过一吨教育。"但是对遗传的作用也不能过分夸大，人和人之间的智力差异在多大程度上是由遗传方面的差异引起的，这方面的研究至今还没有形成结论性的看法。所以我们不能说一个人在数学方面的表现在多大程度上来自于遗传，但是有一点是确凿无疑的，就是每个人都有一定的数学能力，只要创造合适的环境就可以使他在数学方面得到发展，并学到适合自己的数学。

环境，特别是儿童成长的关键时期的生活环境，对人的智能的发展有着极为重要的影响。美国另一位心理学家，著名的行为主义心理学派的奠基人华生曾公开宣布："给我一打健全的儿童，我可以用特殊的方法任意加以改变，或者使他们成为医生、律师……或者使他们成为乞丐、盗贼……"或许他的这个想法是可以尝试的，但是他却低估了教育的难度，因为据说连他自己的亲生儿子也没有按照他的意愿选择职业。这给人带来启示：虽然教育是一项难度很大的艺术，但是教育的潜力也是巨大的。在数学教育方面怎样提供最好的适合孩子发展的环境，这是每一个家长和教师都应该深入学习和研究的问题。

儿童在活动中可以丰富数学经验

孩子最初的数学观念是在和环境互动中逐渐形成的，这种互动包括对世界的观察和感觉、游戏以及各种各样的活动，和他人的交往等，这个过程是儿童大脑的生长发育过程，和丰富认知结构变得聪明的过程，是潜移默化的，所以大人们并不一定意识到他们在这一方面的发展。

孩子们在和环境互动中，会形成具体的对环境中各种因素的认识和理解，逐渐地认识具体事物的属性，这其中有数学属性，比如：数和形方面，顺序和类别方面等。最初的儿童处于皮亚杰说的感觉运算阶段，尚不具备一般所说的思维能力，他的思维主要表现为动作的形式，是动作思维，皮亚杰认为：儿童最初的逻辑数学知识可以从具体的动作，如推、摸、拉等组成的协调动作以及其他关系动作中抽象出来的，所以各种各样的活动经验有助于儿童数学能力的发展。

孩子最喜欢的活动方式是游戏，在孩子们有声和无声的嬉戏和游戏中孩子们的智力在一点一点地生长。丰富的环境以及玩具为孩子们提供了游戏的可能。品种多样的玩具在孩子面前具有神奇的魅力，在他们玩游戏的同时，在他们的内心深处，好像在发生着一个个的精彩故事，引领他们在另外一个世界里翱翔。最有利于孩子发展数学方面的天赋的能力是智力类的玩具。

观察孩子们的游戏，可以看出不同的孩子具有不同的性格和特长。数学的特长可以表现为一种善于琢磨的精神。风筝算是一种很古老的玩具，春秋时期就有了。为什么有孩子做的能飞，有孩子做的不能飞？这中间有个琢磨的过程，在用料的量的和比例的方面有较为精确的把握，才能使他的心爱的风筝飞起来。

这里边就含有数学能力的萌芽。做成一个会飞的风筝，孩子也要思考、尝试并具有认真专注的精神。

孩子们在社会交往中也会无意识地学习和运用数学，如对话中的家里有几口人，家住在哪里，从家到学校有多远，买雪糕用多少钱，怎么付钱，一天吃多少米饭，等等，孩子们理解这些随时随地接触的东西时就用到了数学知识，从而也就有了初步的理解。双人或多人益智游戏也具有交往的特点，在边玩边和他人的交往的过程中也能丰富人的数学方面的经验。

孩子们学数学的心理

对于较小的孩子来说，阿拉伯数字等数学内容，需要在孩子形成一定的心理基础时才能掌握，由于数字不是形象性的东西，学习的过程会有些枯燥、单调，难以让儿童感兴趣，这就需要借助于具体的事物和形象来帮助他们学习。

到了一定的年龄，孩子就可以在课堂上学习数学了，在开始引导学生认识数学的时候，要尽量结合孩子们在生活中的具体经验，才能有助于孩子们的掌握和理解。有些孩子不能有效地掌握数学，有各种各样的原因。小孩子对课堂有一个适应的过程，课堂上的有时候比较紧张，孩子容易感到疲倦，注意力难以持久，就有可能导致学习效率下降等。

兴趣是最好的老师，有利于孩子们在学习时发挥主动性。不能引起孩子们兴趣的强制性学习，会使孩子在学习的时候没有了愉悦感，他们会只是在应付差事。这是一件很麻烦的事，学了再多的知识，但是失去了求知的快乐和热情，这样的教学就有些本末倒置了。调动孩子的热情其实也很简单，就是不要去灌输，有的知识讲得越多，学生越不明白，而应主要让学生自悟自得。尽量采用一些办法去激发他们的兴趣，让孩子们在情感、思维、动作等方面自主参与教学活动而领悟数学。

有些家长为了使孩子的数学能力提高，便不断强迫孩子做大量的练习，或测验题，这并不是学习数学的好方法。老师把对学生的关心表现在布置大量的作业，并勤奋地检查作业上。孩子的天性是好奇的，游戏和玩耍才是孩子们的最爱，那也是他们的一种学习生活的方式，从这个角度看，孩子们在强制性的教育环境下，不得不老是埋首计算问题、考虑应用题，真的好可怜。

不同的孩子在智力发展上是不一样的，任何孩子都可以学到基础的数学，但是不可能存在一种教学方法适应所有的儿童，儿童对这种教育方法的适应能力，也是不同的儿童在成绩上有不同的表现的根本原因之一，所以要根据儿童的具体特点，设计和选择一些适应他们的方式，向他们传授数学。只是如果一个班级过于大的话，一个教师也不可能照顾到所有的儿童的学习状态，这就需要家长在这方面表现出对于孩子的理解，根据情况采取一些对策。

第二节 最廉价的智力投资

在考虑对子女培养的问题时，很多家庭会从智力投资的角度来考虑。从这个角度来看，投资少、收获大是在数学上进行智力投资的一个特征，不但对于个人、家庭来说是如此，对于一个学校，甚至国家也是如此。

最经济的智力投资方案

由于人的智力成长更多地取决于人的早期生活环境，特别是学前期的环境影响尤其重要。人的个性和智力因素也在很大程度上来自于其童年时期的经验，所以要想让孩子在未来的生活中适应社会环境对人的数学能力的需要，并且在数学方面能够顺利发展，就要关注儿童的早期教育，形成有助于发展儿童的数学能力的环境或家庭氛围。这是最经济的智力投资的方法。

首先要给孩子提供丰富的环境刺激，包括社会的因素和自然环境的因素或者玩具，使孩子积累丰富的活动经验，让孩子无忧无虑地尽情地玩，孩子在玩的过程中，去观察世界、体验生活，这有助于孩子的认知结构的发展。家长的参与会影响孩子玩的积极性，所以家长要做的就是陪孩子玩，也不用花什么钱。有关的一项研究发现：不常接触人和物、不玩耍的孩子，其大脑比同年龄的儿童小 20%～ 30%。

随着孩子年龄的增长，应该引导孩子观察和思考。孩子也是充满好奇心的，到了一定的年龄就会提各种各样的问题，这正是孩子思考的萌芽。和孩子探讨问题是一边享受天伦之乐，一边享受孩子的成长的乐趣。作为家长是否善于引导，将决定孩子是否会善于提出问题，以及对问题的态度和思考的方式，这是对数学的学习非常宝贵的经验。还可以对孩子提出一些问题，或者引导孩子观察生活中的数学问题，启发孩子的思考，比如外出的时候，是坐哪一辆车，坐在第几排，多长时间到达目的地，等等。给孩子创造机会并引导孩子玩一些需要较多的思考的智力玩具，也是增进孩子的数学才能的好方法，这些玩具常常能够使孩子很投入地主动进行思考，发现其中的谜底。

孩子的认知结构在各种活动中不断丰富，到了一定的年龄就可以开始一般意义上的数学教育了，这时候可以传授给孩子一些简单的数学知识，引导孩子主动提出和解决一些简单的数学问题，特别是和生活经验密切相关的数学问题。更重要的是让孩子产生数学兴趣，那么数学就会产生一个推动力量，使孩子去主动地学习数学，这种教育是最省力气的。

益智玩具最便宜

很多智力玩具都可以称为数学玩具，因为玩他们需要数学式的思维。

益智玩具在欧美国家非常流行，尤其是知识分子，如医生、律师、数学家等更是乐此不疲，并且以玩益智玩具、收藏益智玩具为荣，蔚为风气。参与不同的游戏，实际上是品位和生活态度的表现。益智游戏的创新和推广在西方国家成为形成知识分子群体的因素之一，甚至在历史上起到了促进数学发展、选拔数学人才的作用。反观国内，市面上的益智玩具数量并不多，玩益智玩具的人也很少，反而是其他类的游戏充斥市场。重视视觉刺激的沉溺性休闲方式对年轻一代的负面影响不可小觑，这种游戏格局会潜移默化地塑造苍白肤浅的社会文化心态。

智力类的玩具看似简单，原理却很奥妙，能激发孩子们的好奇心和探索精神，锻炼勤动手、动脑的能力。但它们大都很便宜，甚至有些益智玩具不必花钱去买，可以让孩子动手来做。能够在网站上检索到规则和原理的著名益智游戏就有数十种之多，相信能满足不同人的偏好。遗憾的是小孩子虽然不成熟，但是对大人却有强大的影响力。有些家长买玩具总是依着孩子。现在的玩具市场更注重声、光、电感官刺激，充斥其间的"舶来"的变形金刚、"芭比"娃娃以及其他绒毛的、塑胶的、电声的流水线玩具，拿起哪一件儿，都不便宜。虽然外表精美，非常能吸引孩子，却没有多少内涵。相比起来，智力类的玩具，特别是中国传统的智力玩具却显得简单、粗糙、廉价。小孩子自然更喜欢那些先进、漂亮的玩具，还有的家长觉得，只有买贵的、洋的才显出对孩子的关爱，这些都是误区。

对于那些为放假在家的孩子整天看电视或上网而头疼的父母来说，益智玩具更是一根有用的指挥棒。益智游戏结构简单，但变化多、可玩性强，虽然没有其他的一些玩具外观更有吸引力，但是经过引导是很容易吸引孩子兴趣并增进孩子的数学方面的能力的。

数学学习和研究需要的投资相对较少

对于学生来说，学习数学主要就是投资笔墨纸张，也不需要购买太多书本。对于大学阶段的学生来说，文科学生会需要大量的昂贵的参考书籍，但是数学不那么需要，因为一本小书，常常就够啃很长的时间的了。而这简单的投资所换回的是能力和素质的提高，当然还要投资时间，以及讲究学习方法。

对于一个条件不具备的学校来说，昂贵的实验器材的投资是一个很令人头痛的问题，但是数学这门学科不需要或很少需要购买实验器材或教育用具。虽然数学现在也有一种趋势，就是讲究实验，但投资上的需要和物理化学等学科不可同日而语的。

一个数学家只需要一支笔、一张纸就可以进行数学推理和演算，解决问题要求尽量简洁，它也一般不会像写文章那样长篇大论消耗很多笔墨纸张。数学大师陈省身在被采访时说："我想我是很乐观的，数学在中国是很有希望的。因为这个科学需要的经费最低，所以不需要钱。一个其他的科学往往有实验，实验就要有房子，要实验室，要仪器，这就要经费。这样我们搞数学的人一回到家，睡觉起来拿支笔、拿几张纸就可以做。"

作为一种和科技水平密切相关的因素，数学不仅对一个人的职业发展意义重大，而且数学教育在一个国家的发展中也具有重要的战略地位，正如一句著名的话所说："一个国家的科学水平可以用它消耗的数学来度量。"所以说，数学教育从智力投资的角度来看，对于国家和个人的发展中都具有重要作用，是一项需要投资较少，又具有特别重要的价值的社会工程。

第三节 日常生活中的数学启蒙

孩子们模仿能力最强，这种学习能力使社会中的职业甚至个性表现出很强的家族遗传现象，家庭中成员的自然表现会不知不觉地影响一个孩子的未来。一个有理性精神的家庭成员会把这种精神自然而然地表现在他的生活和对孩子的教育中，这会有利于孩子的数学方面的发展。

在对孩子数学方面的素养的专门培养方面：一个不懂数学的父母也可以发挥积极作用。从很多角度来看孩子数学方面的成长是不需要父母的深厚数学素养的，这有点类似于管理艺术。善于管理的人，并不需要懂很多技术上的细节，高层次的管理是一种人性上的东西，最重要的不是指手画脚，而是激发下属的热情让他们完成具体的工作，而自己则可以做轻松的老板。家庭里的下属当然是寄予厚望的孩子。

假如你想让一个孩子懂得什么是"猫"，你是否解释说：猫是一种比较小的喜欢吃肉的哺乳动物，有尖利的爪子，并能发出一种"喵喵"的叫声？我敢断定你不会这样做，你可能会带孩子去观察许多不同的猫。所以家长只要注意多把孩子往数学方面引导，孩子就会越来越了解数学，这个引导的技巧和数学关系是不大的。

一些家长抱怨："我的孩子能说会唱，电视广告、流行歌曲模仿得惟妙惟肖，就是数学不开窍，10以内的数还没有学会。"不过这并不代表孩子没有形成数方面的概念，这里的数字是作为语言来教的，更多的是语文而不是数学，或许教导方式上存在问题，因为数字对于孩子是太枯燥的语言，要想把它变成歌曲一样有趣是要讲究一点方法的。这需要多用一点心，比如有的人是这样做的，茶余饭后和孩子一起玩手指游戏，边玩边数边比：一二三四五，六七八九十，十个好朋友，花样变不完。伸出大拇指，我俩一样粗；伸出小拇指，你俩一样小；伸出一只手，中指最最高；伸出两只手，十指排排队。

想向孩子传授什么需要技巧，需要根据孩子的心理特点设计，这就是教育的艺术了。心急的家长有时会斥责孩子挺笨，事实上可能是自己不太会动脑筋。

数学启蒙可以在日常生活中随机进行，并不用总是郑重其事，像和孩子聊天，可以多关注一点和数学有关的内容，交谈内容可以随便设计和创造，谈一谈身高、体重，请孩子算一笔账，等到处都有数学，很有意思的。这既可收到寓教于乐之效，又可将孩子轻松地引入数学领域。

万事万物都具有数学属性，孩子动手操作、摆弄物体是在尝试征服世界，也是在把握世界的数学特征，并通过这种把握充实自己征服未来的力量。让小孩子玩沙、玩水、玩折纸以及各种游戏，都有利于数学在孩子们的心灵里"生长"。家长们常常会顾虑孩子弄脏或弄湿衣服而对孩子过分地限制，这是捡芝麻丢西瓜的事情。作为家长要给孩子充足的时间，放手让孩子参与各种各样的活动或游戏。扑克牌大概是最好的数学玩具了，丰富多样的玩法，含有数学的从低级到高级的各种内涵。

疼爱子女的父母为了保证孩子的学习时间，常常承包了所有的家务劳动，对孩子实行"一条龙"服务，不过这样做其实得不偿失。家务劳动不仅仅是一种自理自立能力的训练。对于较小的孩子来说，吃饭前让他分发餐具，这里边有数学中对应的思想。整理衣物或别的事物，需要分类、排序方面的能力，并且可以锻炼人的敏捷性。家务劳动中还有一些复杂的数学问题，生活中处处有数学，孩子大多是热心的家务小帮手，何不趁此让孩子学点数学呢？把所有的事情都大包大揽作为父母很有爱心，但其实是不负责任的，因为使孩子丧失了在生活中思考的数学实践机会。更为重要的是家务劳动也累不着孩子，还能培养一种遇事自己解决的态度，形成一种较为完善的适应生活变化的个性，并且更富有活力和情趣，更有参与精神，更能够将数学方面的技巧变成实际生活价值，这会从另一个侧面影响数学方面的学习效果。所以正确的做法，是引导孩子形成参与家务劳动的习惯。

孩子上学后，家庭要在一定程度上配合孩子的学习需要。过于热心的将学校的课程事先教给学生，反而有可能阻碍学生在课堂上接受新知识的强烈愿望，有时会形成一些孩子的不正确的学习习惯。何况数学的学习并不是重在知识，而是重在思考能力和问题解决。好的家庭环境适合孩子巩固学到的数学。人的有些特性实在和反刍类动物有点相像，学习数学就必须经过反复咀嚼的过程才能真正被消化吸收。最能加深对学到的数学的印象的办法之一，是解决具体的生活问题，但生活中并不是总有那么多问题，这就要进行复习。复习可以重新阅读一下教科书，也可以过一过脑子，或者做练习，但如果有时间和他讨论一下效果会更好。

随着孩子的成长，在数学方面可能会超过家长，但他的学习同样需要家长的影响，这种影响甚至比知识上的影响更重要。当孩子在学习中遇到挫折时，他会理解他的孩子，并能够很好地处理这种挫折；当孩子的学习取得好成绩的时候，他会恰如其分地鼓励他，适当地发展孩子的兴趣。适当的情绪方面的引导所形成的个性，是对促进数学上进步的更强大力量。

另一方面，数学是重要的，但数学的学习并不是一切。不可因为数学很重要就使数学优先于一切，全面的发展是人的数学发展的基础。人的数学思维能力的形成还必须以人格和其他方面的发展为养料。

第四节 中国的数学教学

学校的数学教学在数学教育中担负着举足轻重的责任，至少我国现代科技的发展在很大程度上来自于学校的数学教育。但是我国的数学教育在方式上也存在着一些缺陷，数学教学作为一种艺术，所谓艺术无止境，有很多需要革新和完善的地方。这就意味着我国的数学教师需要承担更多的责任，来发展自己的教学艺术。

数学教师的语言

似乎是数学的词汇太抽象，才给人数学乏味的印象，但是音乐虽然没有任何词汇却能感染人。所以数学语言的活力可以从音乐的魅力中得到启发。如果老师总是用一种语速，一种语气讲课，就会像催眠曲那样催得学生昏昏欲睡。而跌宕有致、虎虎生气的语言则会带给学生另一种感觉。数学课堂上的老师的"演奏能力"像在钢琴上弹奏美妙的曲子一样，需要娴熟的技巧和对内容的理解力。

当然，想成为一个富有感染力的教师不是一朝一夕的事情。这种感染力需要一定的经验和主动的追求才能达到，这也像弹奏音乐一样需要反复的实践。马卡连柯曾说："只有在学会用 15 种至 20 种声调说'到这里来'的时候，只有学会在脸色、姿态和声音的运用上能想出 20 种风格韵调的时候，我就变成了一个真正有技巧的人了。"所以讲课的艺术实在是一个很复杂，需要下功夫的艺术，讲数学课则尤其需要下工夫研究一下。

一次讲课就是一次演讲，就像平时的说话，有的人说话别人爱听，有的说话别人不爱听。这不仅取决于他讲话的内容，还取决于他的节奏、他的激情。他的感情调动起来了，就会使他的语言更有感染力，但是更重要的是调动学生的激情，情绪是相互感染的，一个有激情的人才能调动他人的激情。在这方面现代歌星做得比较好，他们很讲究站在舞台上或走下舞台和观众互动，并且要求观众和自己一起唱，以达到沸腾的效果。其实在很多小学课堂上的数学老师在这方面做的比较好的，可惜到了较高年级的课堂，似乎就变成了只有老师在讲课的很单调的课堂。

在内容上数学课本的内容很有限，而且作为老师要照顾到很多学生，所以课堂上教师会反复重复一些同样的内容，这也是减少学生听课的趣味，造成注意力不集中的因素。在这方面教师可以考虑一些不同的讲课方式，也可以多和实际生活中的问题联系起来讲，在应用中让学生把握同样的数学内容。因为人们容易对于和实际生活相关的事情感兴趣，对自己能理解的事情和新奇的事情感兴趣。

让所有学生的脑子转起来

数学课堂上老师千言万语，最终目的还是要改变学生大脑中的一些过程，所以一定要使学生的大脑活起来才能收到好的效果。

数学之所以给人枯燥难懂的印象，在很大程度上是教育的原因，过去的数学教育往往给人"数学＝逻辑"的印象。一些学生们把数学看作"一堆绝对真理的总集"，或者是"一种符号的游戏"等等。这偏离了数学的本质，带来了许多负面影响。正如有的人所说，一个充满活力的数学美女，只剩下一副 X 光照片上的骨架了！

大多数人都喜欢旅游，因为旅游有探索和发现的乐趣，数学的教学过程也可以是引导学生进行探索和发现的过程，教育理论中也有"发现法"的数学教学模式。数学真理的了解、发现和应用过程也可以是充满活力的，这需要引导和调动学生的各种心理力量参与。比如正确的动机、浓厚的兴趣、热烈的情感、坚强的意志、积极主动的精神、独立自主的品性等都是很重要的心理动力。这些因素不仅有利于学生克服学习中的困难，而且有助于生活的其他方面。但是这向教师的教学艺术提出了更高的要求，因为掌握这种艺术不但需要教学经验和学习精神，还要能对学生心理进行敏锐把握。

生活经验告诉我们：人必须在主动做什么事情的时候，才能带来最大限度的心理上的愉悦。比如听一次精彩的讲课的乐趣，远远不如进行一次游戏，或者自己参与讨论问题、发表看法的乐趣。一般的中国课堂上的教师"重灌输式讲授，轻探究式教学"；重有限知识的"学会"，轻无限知识的"会学"，教师习惯通过大量练习来让学生学习数学。这是一个被动地接受知识、强化储存的过程，忽视了学生是学习过程的主体，也就缺乏主动的思考以及师生之间、生生之间的互动，不能使学生的大脑活起来。需要强调的是：学生才是学习的实践者，而教师应该是组织者、引导者、合作者。

数学教育应引导学生用丰富多彩的方式学习数学，包括用数学的观点观察现实，构造数学模型，学习数学的语言、图表、符号表示，进行数学上的讨论和探索，等等。通过各种各样的思维形式，培养学生既会逻辑推理，又有创新精神，并能够在欣赏数学之美中得到乐趣。同时这些活动也有助于丰富人的个性因素，形成更为全面、健康和实用的数学能力。

考试与数学教育

考试本来是评价一个人的水平的方法，大家却在为考试而奋斗，这是很滑稽的。但是作为师生现阶段大部分还不能不顾考试特别是高考这根指挥棒。数学考试是衡量一个学生学业能力的主要办法，和其他学科相比数学考试毕竟提供了一个相对客观的标准来衡量学业成绩，虽然几道数学题并不能绝对的反映一个人的数学水平，但总体来看数学考试对人的数学水平的把握还是相对精确的。数学考试用于选拔人才还是非常有效的。

考试制度本身有各种各样的弊病，应该进行一些革新，但考试并不是和学生素质的发展绝对冲突的，人需要自由的发展，同时也需要压力用来作为发展的动力，这才是人类心理的现实，兴趣是重要的，但是仅凭兴趣而没有来自社会的压力和束缚，一个人的发展就会出现问题。作为教育者和学生正确的态度应该是把考试作为一种社会动力因素，来促进数学教育和学习的正常发展，以使受教育者既能学到必要的技能，又能有优秀的考试成绩。

正常的教育方法应该是偏重学生数学能力的培养，和通过数学训练完善学生的个性，这才是百年大计。从另一个角度来看，不必过于追求分数，高分虽然意味着好大学，但好大学并不必然意味着能力，一个好的文凭的力量如果没有完善的个性因素作基础也会褪色。当然考试能力的训练也很重要，社会中也会有各种各样的考试，它们同样需要考试能力。但对这种能力需要敏锐的观察，很多分数优秀的学生并不是靠题海战术得到这种能力的，而是靠一种特别的个性因素和敏锐的反应能力，等等，在这方面，"功夫在诗外"这句话值得借鉴，一切为了分数并不一定就能得到分数。

第五节 美国的数学教育

所有的国家，数学知识的传递都要不同程度地依赖于教师的讲授，所要达到的目标和遵循的原则基本一致。但由于文化上的差异，在很多具体的方面表现出不同的风格，这种风格导致了不同国家数学水平的差异。美国是第二次世界大战以来的世界数学中心，了解一些美国的数学教育具有借鉴意义。

美国人对数学教育的看法

美国的教育思想、心理学研究和实际应用结合较为紧密。在教育家杜威看来：传统的学校的一切安排都把儿童作为整体群体来看待，而不是根据个人的特点来安排。这样做容易"抑制学生个人的主动性，而这种主动性正是民主主义的另一瑰宝"。美国的教育经过多次改革也逐渐形成了不同的人学习不同的数学的风格。

美国家长则较平等对待子女，子女学习压力小，环境较宽松。美国主流文化不是太重视学生的分数，更重视提出问题。美国教育家布鲁巴克也指出："最精湛的教学艺术，遵循的最高准则是让学生自己提出问题。"很多美国人也不认为智力至上，电影《阿甘正传》也表明了这种观念，智力低一些也可以走向成功。

美国的数学教育，也有一个从好像在培养数学家，到现在以培养有良好教养的美国公民为目的的转变过程，这种教育观念是看重不同的人有不同的发展可能。美国的数学教科书反映了美国人的教育观念，富于实用色彩并重视根据学生学习心理设计，美国没有一本数学教科书是纯粹的数学家写的，著者大多是教育工作者或是心理学者。

不同的人学不同的数学

有人说，美国数学教育已经演化成为这样一个体系，即从最低年级就培养那些最终将会担当科学技术中的领导责任的天才。在中学里，最优秀的学生也是由最好的数学教师教的。他们的教学计划中的课程重点在于大学中学数学和科学所必需的技能专长。那些很小就表露出数学才华的早慧的学生，还有许多课外的机会，如"夏令营"、辅导班之类。美国人有一个很广泛的看法，学好数学的能力有天赋因素。

《美国学校数学课程与评价标准》指出，核心课程之外应扩充一些内容，以便满足个别学生或学生群体的需要、兴趣以及可以达到的水平。使学生受到不同层次的数学教育，既能满足社会的不同需要，又能适应学生学习上的差异。到他们进中学以后，学生按数学学习的差异分成几个级别。不同的级别的学生在学习的数学内容上有很大的不同。处于较低级别的学生学习最浅的内容，比如代数就是一点数值的和符号的演算，几何完全不讲证明，只是一些名词和练习一下面积公式。当然这种分别对待的方式可能对一些学生也形成了不好的压力，但这毕竟是一种现实主义的态度。对于这些学生，学校在绝大多数情况下，也不打算培养他们进大学，一些学校为他们开设了特别的课程，比如让学生用计算机语言设计解题计划并执行这些计划的课程。这些学生在使用数学特有的方法上和一些高级课程的学生毫无区别，虽然这些学生不去学通常教学计划中的高级课程，但有些人还是学了更多的数学课，少数人还可以读高级的"自学"选修课，甚至有机会能懂得并使用做研究的数学家常用的方法的。

美国的教育方式

美国的教育方式是以学生为中心的，认为数学教学应当集中于学习者对于数学知识的建构，提倡让学生经历获取数学知识的过程，强调理解的学习。数学教学在气氛上师生基本上是朋友关系，可以互相自由地交往、交流，教师在教学过程中起辅导提示的作用。通常小班上课，易于小组讨论学习，学生可以自由出入，老师甚至可以别出心裁地把课堂搬到野外。这些能促进学生积极开动脑筋，自由快乐地学习数学。

美国提倡简化学习内容，提高学习兴趣。美国学生面对的是过低的教学要求，较在乎自我感受，由于经济发达，就业压力小，更多从兴趣出发进行学习，热衷于解决有趣问题，满足于探究特殊事例，不那么讲究所获知识的系统性，学生很少接触到课本以外的数学知识，影响学生在数学上和其他国家相比较的考试成绩。这些使中国学生的数学成绩水平超过美国学生，但这是中国学生花费大量时间，以学习兴趣的丧失为代价所获得的，并不利于提高整体上的能力水平。

美国的数学教学中，注重对学生的了解和沟通。如一些学校使用的教学日记法，学生以日记的形式记录教学中的思维过程、心理状况，使学生与教师能经常通过日记进行交谈，教师易于了解学生的认知水平、知识经验、兴趣及个人思维风格等非智力因素的个体差异，教师能从学生的这些资料中综合出各种学生的状况，从而设计出教学方案，提高教学水平。

美国教育强调个性培养，鼓励学生自由发展，因而分层次个体教学方法使用得比较多。比如，他们在教改中提出的非学校论的教学方法，以及计算机程序教学法，即把所要学的知识编成程序，让学生面对计算机自学。这些方法强调自学，注重面向不同的学生分别施教，能较好地培养学生自学能力，满足不同学生学习的需要。

第六节 奥林匹克数学竞赛和数学

学生在一次平时的考试后也要相互比较一下成绩，这种竞赛的精神是人的一种基本心理，所以一次考试也像竞技运动一样，是一次竞赛。

奥林匹克数学竞赛自然是一次大规模的数学考试，不过这种考试有众多的国家参与，更带有竞技运动的特点。我国是世界上首屈一指的考试大国，奥数和中国的考试文化结合起来产生了近年来的"奥数热"，受到了媒体和社会人士的追捧或批评，因此应对奥数有一个客观的认识。我们从这个奥数现象也可以折射出我国数学教育方面的一些优势和弊病。

奥林匹克数学竞赛及我国的表现

国际数学奥林匹克（简称IMO）源起于1959年，当时罗马尼亚邀请东欧六国派出由高中学生组成的队伍参与其提议举办的数学竞赛，后来参赛国逐渐增加至80多个国家及地区，成为每年举行一次的国际数学奥林匹克竞赛。这个解数学难题的竞赛已成为数学教育界和中学生的一件大事。

除了最初几届，IMO共有6道试题，正式比赛分两天，每天做三个题目，总共9小时。每题满分7分，总分42分；团队总分252分。大约有1/12的学生可以获得金牌。银牌和铜牌的数量分别是金牌的2倍和3倍。IMO试题遍及的数学领域包括：数论、多项式、函数方程、不等式、图论、复数、组合、几何和博弈游戏等几大板块，这亦构成了各国数学竞赛的命题方向。

我国自1986年开始组队参赛，除了在台湾举行的一次外，每次都派足6名选手参加，其中有3次成绩稍偏后，其余每次总是第一、二名，而且以第一名居多。这些辉煌成绩开始的时候令人很兴奋，逐渐形成热点。

数学竞赛和数学家

数学竞赛是一种文化现象，与体育比赛在精神上有相通之处，在历史上起到了推动数学教育、激发数学兴趣、选拔人才等作用。

世界上最早举办正式的数学竞赛的国家是匈牙利，从1894年就开始了，一直坚持到现在。这个国家虽然人口不多，但是却有深厚的数学传统，培养了很多数学史上鼎鼎大名的人物，我国数学教育界最熟悉的《怎样解题》的作者波利亚、冯·诺伊曼、埃尔德什等，其中后来获得沃尔夫奖的埃尔德什就曾在在匈牙利的数学竞赛中脱颖而出。在早期竞赛的优胜者名单里，还可以看到这样一些数学家：分析学家费耶尔、舍贵，对复变函数、测度论有重大贡献的拉多，群上测度与积分论的创始人哈尔，泛函分析奠基人之一里斯，组合数学创始人寇尼希，以及著名力学家冯·卡门，还有1994年因博弈论而和纳什一起获得诺贝尔经济学奖的约翰·豪尔绍尼等。匈牙利的数学现象引起了其他国家的兴趣，起而效仿，数学竞赛先是蔓延到东欧、苏联，再是美国和其他国家，大概算是奥林匹克数学竞赛的最初起源。

数学竞赛为发现人才做出了贡献。一些IMO优胜者后来成了杰出数学家，如沃尔夫奖获得者卢瓦兹、菲尔兹奖获得者德林菲尔德、约克兹、博切兹、高尔斯、马古利斯、拉佛阁等（其中前 5 位得过金牌）。1938 年开始的美国普特南数学竞赛，也有数位得奖者后来获得诺贝尔奖物理学奖或者数学大奖——菲尔兹奖的，其中包括著名的物理学家费曼。我国的华罗庚，少年时曾获得上海市珠算比赛第一名，他的对手大多是银行职员与钱庄伙计，可以说是中国的第一届数学竞赛冠军。但是纵观奥林匹克数学竞赛，每届有那么多的奖牌获得者，真正在数学上或其他领域有重大发现的人比例还是很小的，数学竞赛成绩远远不等于成为数学家或物理学家。

奥数不仅需要极强的解题能力，还要有应付考试的能力。成为一个杰出数学家也需要解题能力，但所面对的是现在还没有答案的问题，甚至还要自己提出问题，这需要一些不同的思维方式和心理素质。从时间跨度上来说，成为数学家像一次长跑，而成为一个奥数优胜者则是一种短期行为。急功近利的方法和强化训练在奥数中有可能奏效，用于数学创造就难免失灵了。苏联大数学家柯尔莫果洛夫在一本奥数书写的序中这样写道："在（数学）竞赛中获胜，自然会感到高兴甚至自豪，但在竞赛中受挫，却不需过分悲伤，也不必对自己的数学能力感到失望。为在竞赛中获胜，是需要凭借一些专门的天赋的，但这些天赋对卓有成效的研究工作却完全不是必要的。"

菲尔兹奖得主著名数学家丘成桐认为：出奥数题目的人可能不是一流的数学家，因为第一流的数学家很少参与这样的事情。既然如此，奥数比赛本身水平的高低就是有问题的。参加奥数比赛得奖，对学生来说，只是表明他有能力解决非一流数学家的问题。但是对于一个研究数学的人来说，这不是特别了不起的事情。这些话值得人反省一下对奥数的认识。奥数的题很难，但并不代表了数学。丘成桐先生谈到的一个故事也发人深省：他的老师陈省身先生最后几年是在南开大学度过的。当陈先生在校内散步时，曾被一些中学生慕名拦截，拿着奥数的题目向他请教，陈先生告诉这些孩子："我不会做。"

奥数训练的意义

奥数到了中国就具有了中国特色，在国内形成了一种奥数训练的风尚。除了各种各样复杂的因素影响了"奥数热"之外，不少家长和学生看重奥数是因为奥数训练所带来的对升学的影响，除了免试入名校的机会之外，奥数的训练毕竟是级别较高的考试的训练，其中解题技巧的培养对数学物理这一类学科的一般考试有利。

中国队在国际上拿到第一名也并不是像某些人想象的那样十拿九稳，至少俄罗斯和美国的实力决不容小视。事实上，中国的考试制度培养了一代高水平的训练解题能力的老师，但毕竟解题技巧是一种思维方面的艺术，奥数的训练如果操作正确的话，是有益于培养学生的思维能力的。

奥数中的题偏和难是遭人诟病的原因之一，但这种偏和难是相对于常规的习惯的思维方式的，通过奥数活动使偏和难的题变得不偏不难会影响学生的思维，这种影响虽然不一定产生多少数学家，但是会对以后的升学以及解决工作中的问题会发生潜在的作用。还应该看到：受数学课本的约束和考试的压力，一些解题所用到的思维方式，在正常的数学课堂上学生并不能接触到，所以奥数也算打开了一个窗口，为学生的思维增添了一些新鲜空气。

训练是竞技运动的必要一环，但是教育毕竟不是竞技运动，奥数训练也像其他课程的一些强化训练一样，存在很大成分的为考试而训练的因素，这是它的根本弊病所在，并出现了一些不正常的操作方式，比如过多时间的奥数训练，训练对象的扩大化，等等。

第 9 章

数学训练如何影响人

　　信息社会应该以信息加工的观点来看待人的认识和基于认识的行动方面的能力。数学训练对于人的信息加工方面的能力具有不可低估的影响，这种影响具有"迁移效应"。也就是说，会运用于人的生活和工作中，这是数学训练的基本价值之一。

第一节 历史上最伟大的一本书

如果有人问：古往今来对人类影响最大的一本书是什么？不同的人的回答可能不一样，但是我要告诉你，是《几何原本》，这是一本数学书，可能很多人没有读过这本书，但是这不能妨碍它成为最伟大的一本书。它为什么能够具有这么神奇的力量？让我们作简要的介绍。

《几何原本》的内容和特点

《几何原本》被称为数学的"圣经"。公元前3世纪，古希腊欧几里得的《几何原本》13卷发表，这本书把前人和他本人的发现系统化，确立了几何学的逻辑体系，成为世界上最早的公理化数学著作。《几何原本》第一卷列有23个定义，5条公理，5条公设，全书以这些定义、公理、公设为依据逻辑地展开它的各个部分。比如后面出现的每一个命题都写明什么是已知、求证什么，证明的过程都要根据前面的定义、公理、定理进行逻辑推理。关于几何论证的方法，欧几里得提出了分析法、综合法和归谬法。《几何原本》标志着演绎数学的成熟，主导了其后数学发展的主要方向，使公理化成为现代数学的根本特征之一。

对《几何原本》的妙处，我国明代科学家徐光启有细微的体会，他在《几何原本杂忆》一文中表达得很精彩："此书有四不必：不必疑，不必揣，不必试，不必改。有四不可得：欲脱之不可得，欲驳之不可得，欲简之不可得，欲前后更置之不可得。有三至三能：似至晦，实至明，故能以其明明他物之至晦；似至繁，实至简，故能以其简简他物之至繁；似至难，实至易，故能以其易易他物之至难。易生于简，简生于明，综其妙在明而已。"

对于《几何原本》在数学上的地位，我国研究数学哲学的郑毓信先生做出了如下评价：《几何原本》事实上已成为数学发展中高高树起的一面旗帜，西方数学乃至今日全部的数学都跟随这个飘扬的旗帜而前进着。也正是在这样的意义上，我们即可毫不夸张地说，《几何原本》作为人类智慧的光辉结晶，它在数学史上的作用是没有任何一本著作可以与之比拟的。

对人类文明的影响

《几何原本》问世以来，受到广泛的重视与传播。除《圣经》之外，没有任何一本著作，其使用、研究与影响之广泛能与《几何原本》相比。《几何原本》是 2000 多年来传播几何知识的标准教科书，到了现在，全世界所有的中学生都要学习几何这门课，而初等几何的主要内容已经完全包含在《几何原本》里了。学校教育通过几何教学塑造了人的理性精神，从而影响了整个人类文明。

《圣经》等宗教或其他经典在历史上固然具有巨大的影响力，但只是其信奉者；《几何原本》超越于意识形态之上。有些人或许会拒斥它，那只是因为在自己的思维上有缺陷或者还没有适应它。或许很多人意识不到它的价值，那只是因为它不是急功近利的，它只是在用最平常的东西来启迪人的智慧。它所表达的不是耸人听闻的口号，不是自以为是的教导，它也不煽动激情和妄想，但是它潜移默化地影响人的心灵。它还通过影响人类的心灵进而影响着整个人类文化，通过文化的动力又反过来影响着生活于这种文化之中的人们，使人类的精神能站在稳固的基础上进行创造。

近代史上洋枪洋炮打开了中国的大门，但洋枪洋炮来自于西洋科技，而西洋科技得以起飞，其中原因固然复杂，但其中有一个原因在于科学的进展，而科技背后的根本力量是一种思维模式，这种思维模式和数学的关系太大了，而现代意义的数学其实就是发端于《几何原本》。这从一个侧面可以说明《几何原本》对人类历史的强大影响。《几何原本》通过影响数学的发展，进而影响了科学技术的发展，通过科技的发展影响了人类的物质文明，使人类的物质生活以及生活环境发生了巨大的改变，这种改变也在决定和培养着人类的心灵。

对人类心灵的影响

什么是哲学？有一个看法是：哲学是使人聪明的学问，但现在看来这句话中的哲学换成数学更有道理一些，因为哲学不过是在告诉人什么道理，并不是真的在教人思考。而数学则是使人学会思考，数学所说的东西都有千真万确的根据，所以说，数学对于人生的价值是深远的。而数学的这些特点是受《几何原本》的影响而形成的。因此，《几何原本》事实上在通过影响人的心灵而影响到人类文明的进程。

爱因斯坦在回忆自己曾走过的道路时，特别提到在 12 岁时学习欧氏几何的感觉，"几何学的这种明晰性和可靠性给我留下了一种难以形容的印象"。他还说，"正是这种逻辑体系的奇迹，推理的这种可赞叹的胜利，为人们的理智获得了为取得以后的成就所必需的信心。"罗素也提到过他学习欧氏几何的经历。他说："我在 11 岁的时候，开始学习欧几里得几何，并请我的哥哥教我。这是我一生中的大事，他使我像初恋一样入迷。我当时没有想到世界上还会有这样迷人的东西。"

他们正是从欧几里得几何中接受了理性精神的启蒙的，震撼他们的是其中的逻辑的魅力和力量。

《几何原本》似乎是在研究我们所生活的空间的道理，但更深刻的意义是，它在教人如何研究的道理，可以用以研究一切。徐光启在评论《几何原本》时说过："此书为益能令学理者祛其浮气，练其精心；学事者资其定法，发其巧思，故举世无一人不当学。"它教人由已知准确地得到未知，它不神秘，在语言上准确，毫不含糊，使人都可以学习它并进行交流，只要了解几个基本的定义，知道有限的几个公理和推理规则，就可以凭借自己的智慧，来一次心灵上的理性大餐。

第二节 数学训练对人的认知结构的影响

《几何原本》的影响力是从影响人开始的。作为这种影响的一部分，《几何原本》和其他一些因素一起决定了现代数学的形成。从数学教育的普及可以看到，社会文化鼓励和推动着数学对人的发展产生影响，那么数学又是如果对人发生影响的呢？可以说数学影响人主要是通过对人的认知结构的影响，来影响到人的生活的方方面面。

数学学习如何改变认知结构

从信息的角度来看，人脑中的过程像电脑一样，是信息处理过程，这也是现代认知心理学研究人的心理的角度。从人观察环境或读一本书，以及大脑内所进行的思维等等过程，到表现为语言或行为的结论性的东西，这些认识上的东西都被称为认知，这些认识的过程被称为认知过程，与此相应的人的心理结构，被称为认知结构。认知结构是一个较为全面的概念，一个人的认知结构表现于现实世界，就是他的聪明程度。人在认识上的能力或者说人的智力，以及人的数学能力反映的都是人的认知结构的特点。

瑞士心理学家皮亚杰关于儿童智力发展的理论深刻揭示了人的认知结构的变化，他认为，儿童的认知结构的发展要经历四个不同阶段：感觉运动阶段（0～2岁）、前运算阶段（2～7岁）、具体运算阶段（7～11岁）和形式运算阶段（11～15岁）。在皮亚杰看来，并不是所有的儿童都在同一年龄完成相同的阶段，而且并非所有人都可以达到形式运算阶段的认知水平。这些结论得到了心理学界的广泛验证和认可。形式运算在数学中相当于逻辑推理，这大概是平面几何被多数国家选在初中阶段传授给学生的原因。

根据皮亚杰的认知发展理论，数学学习过程是一个认知结构的发展变化过程，这个过程是通过同化和顺应两种方式实现的。所谓同化，就是学习者把新的数学学习内容纳入到自身原有的认知结构中去，这种纳入把新的数学材料进行加工改造，使之与原认知结构相适应。所谓顺应，是指学习者原有的认知结构不能有效地同化新的学习材料时，学习者调整或改造原来的数学认知结构去适应新的学习材料，从而数学学习成为这种结构性改变的激发因素，数学内容成为引起认知结构改变的"材料"。

数学思想方法对认知结构的影响

在数学学习中由不会到会的过程，表现为基础知识和数学思想方法的掌握。基础知识的学习是纳入学习者的认知结构的过程，即顺应。有些知识易于掌握，有些知识必须在掌握新的数学思想方法的基础上才能掌握。人对新的思想方法的掌握，常常有一个适应和学习的过程，即顺应，通过这种顺应，这种思想方法成为人的认知结构的一部分，担当起指导"信息加工"的重担，它不仅提供思维策略，而且还提供实现目标的具体的解题方法。因而，在数学的教和学中应强调思想方法，它能积极促进学习者认知结构的发展和完善。

数学的最大特点是它的方法，学会数学的思维方法，就是将方法因素引进了自己的认知结构。在数学方法的基础上形成的新的认知结构是比较稳定的因素，它不像一般知识那样地变化频繁。美国心理学家布鲁纳认为："除非把一件件事情放进构造好的模型里面，否则很快就会忘记。"他还说："学习基本原理的目的，就在于促进记忆的丧失不是全部丧失，而遗留下来的东西将使我们在需要的时候得以把一件件事情重新构思起来，高明的理论不仅是现在用以理解现象的工具，而且也是明天用以回忆那个现象的工具。"其中基本原理的学习，看来也是对数学方法的掌握。

数学通过改变人的认知结构对人产生深远影响

数学训练对认知结构中的其他因素也有重要影响，比如在信息的获取和记忆力方面，认知速度、信息加工速度方面，等等。有的研究者认为：数学训练有助于形成良好的认知结构，良好的认知结构在功能上体现在以下几个方面：搜索与预测功能、建构与理解功能、推论与补充功能、整合与迁移功能、指导与策划功能。

从生理上来说，认知结构的生理基础是神经系统，神经系统从发育到逐渐成熟再到衰老，也是人的认知结构的变化过程。不同的人具有不同的认知结构，人的认知结构的差异与脑组织、脑功能的差异密切相关，而脑组织、脑功能的差异，和后天环境和教育有密切关系。人脑有向环境和社会学习的能力，能够吸取经验教训，纠正自己的错误，积极适应环境和不断完善自己。这种学习能力使人能通过数学训练逐渐建立和完善自己的认知结构，表现为包括思维模式在内的各种信息处理模式的不断完善。

数学知识系统有自己的逻辑结构，人在掌握这些知识系统的过程中，能够逐步发展和完善自己的认知结构。因此数学堪称是大脑的训练场，它为人类的智力发展提供了广阔的空间。

在数学训练中完善起来的认知结构，不但可用于数学学习和探索，还可以在生活中的其他层面发生作用。比如对人形成生活中的观念和看法，对人生活中的选择以及做事的方法，都有可能产生重要影响，从而影响到人对社会的适应和生存质量。总之，对于数学学习者来说，不仅仅是数学知识有用，不管他们将来从事什么工作，深深地铭刻于头脑中的数学思想方法将随时随地发挥更重要的作用，使他们受益终生。

第三节 数学与观念形成

伴随着人的发育、生长和成熟，人的头脑越来越聪明，为各种各样的看法、观念所充满。世界是变化的，人的观念也在形成和改变之中。这些观念性质的东西，作为人的认知的一部分，会参与人脑中的思考和联想，从而成为人的个性的一部分，这是决定人的语言和行为的重要因素。数学的训练对人的观念的形成也发挥着它的影响力。

观念及其形成

不像数学，当我们在生活中使用一个词时，经常不能精确地解释他的意思，只是能感觉到它。对观念一词，诸如看法、想法、思想、认识在使用时，有时都是它的同义词。人们头脑中存在着各种各样的观念，包括是什么不是什么，各种各样的为什么，什么是对的什么是不对的，道德感，价值观等等。这些观念存在于我们的认知结构中，所有人的观念又形成了社会的文化因素。当生活需要的时候，这些看法就会表现出来，决定着人的语言行为。这些看法是如何形成的呢？

观察、倾听和体验，以及观看媒体等等都会了解和得到一些观念，对这些观念人们一般不去更精确地把握它，只是接受。对于幼稚的儿童和我们大多数普通人来说，这种学习的模式"就是别人说啥就是啥，别人让干啥就干啥"。当然这个说的人必须得到自己的信任，或者是一个权威，更精确的地说是一个被尊为权威的人，因为这个人是不是真的是权威实际上很难说，所谓"盛名之下，其实难副"。

人到了一定的年龄逐渐开始学习独立思考，对事情有了自己的看法。不过人和人不同，有的人容易轻信，较少独立思考；有的人喜欢独立思考，但是不善于思考；有的人不轻信他人，善于独立思考，他的正确看法比其他人更多，因而使它具有一种特别的力量，或许会成为某一领域的权威。

数学中的命题需要证明，但是在生活中，人们的观念大多数时候并不是从逻辑证明中学习的，而是从阐述中学习的。生活没有数学那么严格，当人们问为什么时，未必是想从逻辑上得到逻辑证明，有时候也不是想了解什么，只是想和人聊聊而已。当然对于这种情况，数学一般没有什么用，即使有用也只是作为饭后的谈资，对什么观念的影响自然是很小的。

生活需要正确的观念

生活中经常需要证明观念的正确，牙牙学语的小孩子喜欢问各种各样的为什么，这是在希望自己的问题得到证明。随着年龄的增长，人会想各种各样的道理，有时候想通了，这似乎是问题得到了证明；说"我想不通"，这是没有给自己的问题找到证明。

生活中的说服和论辩，是一方力图向另一方证明观念的正确性。一些观念只有通过证明才能被别人相信。写一篇议论文要对自己的论点进行证明，健美运动员要鼓起肌肉证明自己的强壮，企业要向社会证明自己的商品。在生活中发表看法或传播一种观念也要提出证据。我们在生活中也经常会尝试向别人证明什么，向雇主证明自己的能力和忠诚，向家人证明自己很能干，向朋友们证明自己是个值得交往的好朋友，等等。

当人与他人交流这些观念时，需要一种大家都认可的东西，有些不需要证明就能得到普遍的认可，这靠的是直觉；有些靠直觉得不到认可，这就要证明了。数学上的交流是一个例子，当然如果每个人的直觉都非常发达，并且具有同样正确的直觉，所有的定理看起来都是一目了然的，那就不需要证明了，人们可能就不需要数学了。事实上，人的直觉能力有限，数学思维中的人的证明能力弥补了人的这种缺陷，它和人的直觉相配合，使人类的智慧能够照亮黑夜，看到更广阔更深刻的真相，更精确地建立自己的观念世界。

生活中的说服和证明

证明也是人表现自己的观念并说服别人的一种形式：你信不信？我能证明它。这里的证明，是人们为了说服别人相信某个结论而使用的方法。说服人的证明方法有很多种：

1. 说出一番道理来。

2. 引用权威的话。

3. 相信大家的看法。

4. 观察实验证实。

5. 举例说明。这是生活中非常常用的证明方式。

6. 举不出反例。

以上的证明，是日常所用的，都有其重要的证明价值，但是又都可能出错。唯独数学证明的方式，则是千真万确、不可动摇的。数学的逻辑证明，其价值也正在这里。在日常生活中，借鉴数学证明的方式，可以言之有理，论证更有说服力。

一些有关人和社会的观察和思考所带来的观念，逐渐形成了人文或社会方面的学科。数学对这些学科也在发挥强大的影响，这种影响主要是通过数学思想方法，其中最主要的是演绎推理方法。以哲学为例，哲学上研究的一些永恒的话题，是无法用简单归纳、类比推理等来证明的，只能求助于数学方法——演绎推理。数学在一定程度上影响了众多哲学的方向和内容，从古希腊的毕达哥拉斯学派哲学，到近代的唯理论、经验论，再到现代的逻辑证实主义、分析哲学等，都可以看到数学的思维方式所带来的影响。

关于证明，人们可以通过学习数学的定义、定理、公理等来获得数学证明的有关知识，但是一般人却没有那么多的机会来体会和摸索这种证明的思维方式在生活中的应用，不太了解它们对生活观念的微妙影响。作为长期以来训练人类思维最有效的数学内容，欧氏几何是接受了历史考验的最基本的精华。在平面几何中，"三角形内角和为 180 度"必须从平行公理出发进行证明，人们从小就要学会这样思考。所有的国家都进行几何教育的目的之一也正在这里，几何思维是人类理性正常发育过程中不可省略的阶段。

第四节 理性精神和人生选择

在信息时代里，人们进行选择越来越成为一个难度不断增大的问题。由于信息量之多，工作量之大，处理程度之复杂，很多情况下，人们越来越多地依靠推理来进行选择。由于数学方法在判断和选择信息、进行信息分析和加工并最终选择解决方案方面具有它的优势，因此数学训练是有助于人在生活中进行抉择的。

生活中的理性选择

在生活中人们随时在进行选择。连走路时都需要选择：走哪一条路，靠那一边走，以及走快些还是走慢些。从打扑克之类的游戏过程，到社会中的经济活动，种种不同的生活和行为方式，在许多环节总是要面对问题做出选择。

生活中做出选择时的心理活动形式可能是感性的，凭直觉进行判断；也可能是理性的，要借助于思考和推理；大部分时候的选择则是综合性的，既靠感性，又依赖于理性。以打扑克为例，同样是打牌有的人打得好，有的人打得不好，为什么？因为打得好的人善于对手上的牌做出取舍。打牌中的选择和判断事实上是一种理性和直觉的混合，要在直觉的基础上进行推理并做出判断，推理和判断又在调整着人的直觉。不断重复的打牌的经验，又会在无形中强化这些直觉和推理的模式。生活中也同样如此，理性、经验、直觉共同影响着一次又一次的选择，从而决定着人生这场牌打得怎样。

打牌的智慧是个人天赋和经验积累的结果，其中理性的部分，很大程度上是一种数学能力，这种数学能力未必是在学校的数学学习中得到的，但是却可以看成活跃在人的头脑里，并在生活中不断被练习的数学能力，因为其中的推理过程具有和数学中相似的特征。和打扑克相似，在做具体的事情的时候，在细节上经常要考虑怎么做，人要选择具体的做事方案，这个设计方案进行选择的过程，也常常是一个数学式的推理过程。

在进行选择时直觉很重要，但直觉有它的弱点，在生活中经常有人在试图向我们证明什么，当我们面对推销员的时候，喋喋不休的言辞有时候对我们很有说服力，人的直觉会经常为他们所诱导。这时候就需要保持清醒的理智了，理性的思考可以帮我们做出正确的判断。

社会给人提供了广阔的天地来使用自己的数学能力，生活情景中的各种选择问题，就是一道道数学题，这些问题成了一个人得以运用和发展他的数学能力或理性的现实土壤。从这个角度来看，一个人不管是否受过数学教育，他都在学习和使用数学。对于没有受过数学训练的人来说，他所掌握的来自生活的数学常常是粗糙的，他的理性思维常常是有漏洞的，专门的数学教育则可以塑造一种彻底的理性精神，从而有效地提高人的理性思维能力，使人在生活中的选择更正确、更符合理性的原则。

数学如何影响人生中的选择

数学科学在理性方面走得最远，也更加成熟，所以，毋庸置疑，打牌如果借鉴一下数学的思维成果和思想方法，比如概率论的知识等，是有利于在牌场上更好地进行抉择的。同样的道理，数学训练所塑造的理性精神，同样也有利于人生中的选择。生活中的选择和行为方式大多是靠直觉反应。在直觉不能做出明确的判断时，才会使用理性。但是直觉的表现经常不那么令人满意，经常出错，而理性则更令人放心。

虽然在生活中理性的判断并不总是最重要的，但在一些关键的时候它常常会发挥最关键的价值。人生中面临大的选择时更需要思考，这时候思考就是一个很重要的技术问题了，它在很大程度上决定着人的未来。一些重要事情的决策，出于慎重，决策者不得不依赖于正确的推理方法。在数学训练中所学到的推理和证明的方法：如何精确地使用概念，如何抓住问题的实质，如何进行逻辑推理就会在无形中发挥重要作用。

从数学的角度来看，选择的过程其实是一个收集信息，以数学的方式进行思考的过程。只不过在生活中，人们运用数学的过程主要在头脑或电脑中进行，不用写在作业本上而已。一个最为典型的例子是，众多证券交易商在利用建立在数学模型基础上的电脑软件协助他们对股票和期货进行交易，所以现在的数学已经变成了在一些领域可直接用于做出选择的技术。数学赋予人自尊、自信

195

和自主精神，数学的训练可以使人的理性更加强大，较少受他人左右，使我们的选择更加科学。

第五节 数学对交流能力的影响

学习数学自然要学习和使用数学的语言，随着新技术应用的日益广泛，利用数学语言进行技术上的交流日益成为人们的需要。数学语言的运用能力还是一种有利于生活的技能。因为在数学训练中所形成的语言习惯，会影响到人在日常生活中的交流。这种影响不那么明显，但是它却真实地构成了人的语言风格的一部分。

运用数学语言进行交流的能力

有关数学的思维和交流一般必须借助于数学语言来进行，学习数学语言是数学学习的基础，这种学习是以人在生活中的语言技能为基础的，数学学习会使人掌握一套具有一定系统性的数学语言符号体系，并能在解决问题的过程中作为一个工具来运用它。

生活中的语言在语言学中称为自然语言，自然语言常常是模糊的，有不确定性。将自然语言不加限定而直接应用到数学中来，就有可能造成错误。有人举过这样一个例子："一粒麦子构不成一堆，对于任何一个数字 n 来说，如果 n 粒麦子构不成一堆的话，那么，n + 1 粒麦子也构不成一堆。因此，任意多的麦粒都不能形成一堆。"造成这个悖论的原因就是因为用了自然语言中"堆"这个模糊概念。因为 n 粒麦子与 n + 1 粒麦子是否构成"堆"的界限是模糊的。

数学中的语言一般有精确的唯一的意义，除了符号以外，常常是对自然语言去除模糊性、进行精确化的结果，从而形成了数学语言简练、明白、准确、形式化的特点。例如，"a + b = b + a"表示交换律，"y = f (x)"表示一元函数，等等。这些内容如果用自然语言来叙述的话，不仅复杂，而且还很容易产生歧义。

对于每一个人来说，学习数学的一个重要侧面，是对数学语言的接受、理解，这就要求有理解数学语言以及数学推理和论证过程的能力。在语言的接受和理解方面，在数学活动中要求对数学语言有精确的理解，不但要对所有的语言和符号有准确的认识，还要对概念的逻辑关系进行理解，这需要调动人的注意力，并主动地去思考。比方为了解答一个数学问题，需要对题中的已知信息有全面的透彻的理解，并筛选对问题解决有用的信息，掌握问题中重要的已知条件，来不得半点马虎，简单的误解也会影响数学问题的解决。因此数学活动可以锻炼人的认真细致的信息接收习惯，培养良好的理解语言的心理品质。这种无形的对数学的训练，会潜移默化地影响人在生活中理解语言时的表现。

在数学学习中，一个人要掌握数学，必须形成使用数学语言表达的能力。在数学活动中要和他人交流，为了交流对某一数学问题的理解，最好的办法就是共同商讨解决这一问题的过程，这也要求有把演绎的结果用易懂的语言说出来的能力。数学语言及自然语言理解和表达能力低、数学语言与自然语言的相互转换困难等都会导致数学学习的困难，为了克服这些困难，要进行适当的数学学习和训练。所以数学训练的一个重要部分，是训练人的数学交流能力。

数学经验影响人在生活中的交流

在生活中，运用语言的能力是人们最基本的能力。生活环境中别人说过的话和各种语言信息，大部分像风一样不断和我们擦肩而过，不留下什么痕迹。但是我们发现：在学校语文中一些反复地重复的课文中的词汇，以及语言运用的方法，在我们的生活中，会经常在我们的脑子中闪过，并在我们说话时被使用。这说明语言的反复练习和重复，会在我们的头脑中打下印记，并在和他人的交流中发挥影响。

作为一个在学校中占用了我们大量时间，被社会非常重视的课程，数学的语言是被我们反复重复和运用的，并得以深深地刻在人们的头脑之中，从而丰富我们和他人交流时的语言内容。这种影响表现在两个方面：一个是词汇方面，一个是组织语言的方式方面，或者说是语言的结构方面。

数学语言对交流的影响可以在媒体上看出来，特别是在经济方面的报道中，在词汇方面，有关的数字、百分比、统计资料、一些术语等，如果没有基本的

197

数学语言方面的素养是难以理解的。在日常生活中，人们在相互交流时，无理数和数学公式等自然一般不会使用，但是像"指数级数"、"概率"等数学语言现在已经成为常用词，事实上很多人并不懂得"概率"一词的含义，这就影响了他们的交流效果。

数学语言既是科学的语言，也是日常生活语言。数学训练对交流的更大的影响或许表现在语言组织的方式方面。数学语言是以精确、简约、抽象为特点，它可使人在表达思想时做到清晰、准确、简洁，在处理问题时能将问题中各种因素的复杂关系表述得条理清楚、结构分明，对人的交流能力的这种影响可能更深刻。

第六节 数学学习与个性形成

"思维产生行动，行动养成习惯，习惯形成性格，性格决定命运。"这是一句被广泛认可的话，却并不是一个永远正确的命题。感觉和分析人在社会中的表现，经常可以看到这句话中所表达的影响链在生活中得到证明。数学训练是一种思维，也是一种行动，也会产生包括思维习惯在内的各种习惯。这些习惯作为人的性格或个性的一部分，在未来的生活中发生影响。

数学对个性的影响

一方面，一个学生在数学学习中会表现出自己的个性；另一方面，数学学习的过程也会从认知和其他角度对这个人的心理造成影响，从而在一定程度上成为一个影响学习者个性形成的因素。苏联数学家辛钦认为："数学教育有助于培养人正直、诚实、勇敢的个性。"通过严格的数学训练，可以使学生具备一些特有的个性特征，当然，这种影响不像给数学成绩带来的影响那么明显。

在数学学习中，要对各种前提条件进行细致的理解和分析，才有可能理解有关的数学结论或者得到数学问题的答案。在解数学题的时候，不能很好的得到结果的时候，总会求助于对已知条件和问题本身的更细心的分析，这种观察和分析的过程会在数学活动中不断重复，最终成为学习者看待世界和思考问题的习惯，从而成为影响人的个性的因素。所以培根有一句名言："数学使人精细。"

由于数学的特点，数学训练使人能善于从量的角度来把握问题，遇事"胸中有数"，所以，数学赋予人稳重的品性。数学上追求逻辑上的严谨，以及问题解决方法的简洁，这有助于培养人的科学精神和理性探索精神，给人冷静客观的个性，使人考虑问题时思路清晰、条理分明，并且养成认真细致、精益求精的风格。

有些人在解决数学问题时，表现出一种坚强的意志力和不达目的绝不罢休的精神，这是一种非常宝贵的品格，数学训练中对任务的要求也有助于培养人这方面的个性。好的数学问题可以调动人的探索精神和创造力，使他们更加灵活和主动。数学问题的解决过程可以培养人面对复杂的现实问题时的自信心、拼搏精神和应变能力。

数学成绩与个性

一些社会心理的因素，在人的个性的形成中具有重要影响。一个数学成绩好的人会得到社会的称赞，这无疑可以增加他的自信，特别是对自己的聪明程度的自信。不过这种自信如果过分的话，可能也会影响他和其他人的交流，他会认为自己太聪明了，很多问题都可以自己搞定，就不用和他人交流了。

数学成绩不好的人或许会认为自己不聪明，这可能会影响自己的自信。从而影响自己在生活中的具体表现，如不去勇敢地表现自己，一些自卑感，当然也可能使自己拥有一种勤奋和进取的精神。但是数学成绩并不一定代表自己的真实的数学能力，或许自己是努力不够或者方法不当，或许自己的聪明才智更适合在社会上大显身手呢。而且有关资料似乎表明：一个人在社会上的成就主要不是取决于一个人的智商，而是一种综合因素的结果，这也是可以理解的，就像电脑在我们生活中的运用一样，过高档次的电脑在一般的使用中根本不必要，一个一般的电脑常常就足够了。同样地，在生活中的一般事情上，也用不到过高的智商，只要一般就行了。生活上的成功更重要的是一种成熟的个性和品格。

在压力下不同的人会有不同的反应，数学成绩或功课方面的压力会影响到人的情绪，久而久之会影响人的个性。当然学生理解和学习的效率不同，做作业速度快慢不同，功课沉重与否是相对的。可能对于有些学生来说，功课过于沉重，会形成一种压抑感，造成焦虑或其他不良心理。有些学生为了取得成绩往往会采取增加学习时间的策略，这有可能在某种程度上束缚人的个性，影响人在其他领域应有的正常发展。

第10章

学数学用数学的境界

　　学数学有学数学的艺术。华罗庚说："要打好数学基础有两个必经过程：先学习、接受'由薄到厚'；再消化、提炼'由厚到薄'。"还可以再加一个"由薄到厚"的过程，就是要举一反三，要去应用。学了数学可以有用，也可以没有用。经常遇到一些人，学了语文却还是不能很好地表达，学了数学也不能用于改善自己的生活处境，反而会怪数学没有用。这就是学数学、用数学的境界不同。

第一节 数学学习的目的

美国人房龙说："一个国家的主要财富是其公民的素质、能力和思想。"我们也可以这样说，对于一个年轻人来说，他的主要财富藏在他的大脑里面，也是他的素质、能力和思想。因为有了这些，其他的一切都可以去创造。学习数学，正是一种丰富人素质、能力和思想的手段。

受教育的价值

传统的看法认为受教育的过程主要是学习知识的过程，生活在现行教育制度下的人们，到学校上学，学期结束后通过考试来检验效果，并为成绩而欣喜或郁闷。然后我们一般都会在期末考试后飞快地忘记课堂上学到的大多数东西。根据这种体验，教育主要就是把知识灌输到我们头脑中，而运用我们所学主要就是把灌进去的东西再倒出来。但是这种教育观念高度简化而且错了，这种看法看到的只是学习过程的表象。

数十年来，所有关于大脑工作方式及学习方法的大量研究都表明：掌握知识和像计算机程序般的运算、思考以及做事的步骤不过是人们学习过程的表象。教育的真正价值不在于此。我们的大脑或许是世上适应性最强的系统的最佳范例。当我们让大脑经受长期的教育，大脑就会发生永久性的改变。从身体角度讲，大脑中某部分传导神经纤维链进一步生长并得到加强。从功用和经验的角度讲，我们获取了新的知识和技能。学习过程重复得越多，上述的改变就越强越久。

大多数人们都厌倦于在数学学习中的不断重复和练习，但是正是不断地重复使人们真正地掌握了进行某种大脑内的操作所需要的过程，重复学习和运用对于掌握数学技能所产生的效果，在菜市场卖菜的人所表现的计算神速上可以得到证明。学习数学对于重复的需要，也大过其他任何学科。数学的历史大概有 5000 多岁。5000 年在漫漫进化史中不过眨眼工夫，而且肯定只够我们的大脑做出最细微的改变。因此，虽然闪族人在5000年到8000年前就提出抽象的数，人类的数学思维当在更久更久前便已发轫。我们在最初的自然选择中发展了思考大自然和社会的能力，但人脑中因数学思考而生的新改变将综合我们的能力，使我们不光能思考现实的世界，还能推演我们头脑中的纯粹抽象的东西，从而更深刻地理解我们的现实世界。

学数学目的不在定理和公式

如果将数学学习仅仅看成是一般知识的学习，特别是那种机械照相一般的学习，那么即使包罗了再多的定理和公式，可能仍免不了沦为一堆僵死的教条，难以发挥作用。而掌握了数学的思想方法和精神实质，就可以在数学中由不多的几个公式演绎出千变万化的生动结论；对于生活来说，则可以将掌握的知识串成一串，并通过想象力的加工，得出富有指导性的结论，从而数学以这样那样的方式显示出无穷无尽的威力。

许多在实际工作中成功地应用了数学，并取得相当突出成绩的毕业生都有这样的体会：在工作中真正需要用到的具体数学分支学科，具体的数学定理、公式和结论，其实并不很多，学校里学过的一大堆数学知识很多都似乎没有派上什么用处，但所受的数学训练，所领会的数学思想和精神，却在发挥着积极的作用，成为取得成功的最重要的因素。因此，如果仅仅将数学作为知识来学习，而忽略了数学思想对学习者的熏陶以及数学素质的提高，就失去了学习数学的最珍贵的价值。

《古今数学思想》一书作者克莱因说："数学不仅是一种方法、一门艺术或一种语言，数学更主要的是一门有着丰富内容的知识体系，其内容对自然科学家、社会科学家、哲学家、逻辑学家和艺术家十分有用，同时影响着政治家和神学家的学说；满足了人类探索宇宙的好奇心和对美妙音乐的冥想；有时甚至可能以难以察觉到的方式但无可置疑地影响着现代历史的进程。"克莱因的见解是深刻的，数学影响历史的进程也绝不是吹嘘，因为数学不但通过科学影响历史，还通过影响历史中的人的思想和行为生活方式进而对历史发生微妙的影响。

数学的学习和兴趣的培养对于打好理工科基础有着不可替代的作用，数学学习是对思维的培养，是对学习习惯的培养，也是对自己的挑战。一般的数学学习也许对培养数学家意义不大，但是对于思维逻辑的训练，对于日后的学习和生活应该是很必要的，对人的整体科学素质的提高很有帮助。因为很多现实问题无法用固定方法去解决，数学学习本身就是培养并考察你的思维能力和逻辑推理。能真正学好、学活数学，学会分析问题、解决问题，才是学好其他学科，尤其是理工科的关键。一些数学优秀的人，虽然改了行，不搞数学了，但因为数学思维的培养和扎实的数学基础，在其他相关领域也可能会很有建树。

第二节 通过数学磨炼思维

运动对肌肉的影响可以看到，但数学对大脑的影响则不能从直观上看到，甚至不一定为人们意识到。有些人对数学很感兴趣，甚至很有研究，但是，他们在将自己的数学能力用于解决数学问题或专业上的问题时，未必会注意到数学训练对自己的思维的影响。可以这么说，如果不是要成为一个数学家，学习数学的主要意义是获得和改善人的思维方式。

人类有一种纠正和改善自己的思维和行为模式的能力，通过学习和不断地重复，人能学到一定的技能，包括思维的技能。有句话说"死脑筋"，就是只会用一种模式思考，不能够根据问题的变化而随机应变，数学学习就是在向这种"死脑筋"叫板。数学的推理通常有很多路可以走，每条路结果都相同，都是正确的路，这显示了人脑的灵活性。配合着各种问题的解决，人可以学会从不同的角度来思考，强化自己的头脑，培养一种自由的自发的思考能力，以及符合逻辑的正确的思考习惯。

数学科学是人类几千年积累的智慧结晶，由于数学的深度和广度，数学知识为各种层次的有机会学习数学的人提供了极其广阔的训练场，每个人都可以在这个训练场找到适合自己的"运动形式"来磨炼自己的思维。通过学习简单的计算，我们可以得到我们希望了解的数字；通过对几何的学习，我们可以学会用演绎、推理来求证和思考的方法；通过学习概率统计，我们可以知道该如何描述和计算事件发生的可能性大小，从而恰当地判断自己面临的机会。所以，一定要用心把数学学好，不能敷衍了事。

数学学习作为培养人的思维能力的过程，完全不像某些世俗之见所认为的那样，是贫乏的和枯燥的。相反，它可以是丰富多彩的、充满活力的。数学思维的训练极富挑战性的，对个人能力的提高具有重要意义。比如数学证明的学习，数学证明是一种透明的辩论，其中用到的论据、推理过程清楚地展示给读者，任由人们公开批评，一个人只要深入地学习和理解了证明本身，那他就可以拥有一种认识能力，能够拥有经过推理的独立见解，不必事事向权威低头。

数学学习中所进行的思考如何能够"迁移"到对其他事情的思考上去？巩固的学习才能够实现迁移。美国心理学家贾德认为：迁移的发生应有一个先决条件，就是学习者需掌握原理，形成类比联想，才能实现这种迁移效应。通过不断地重复，数学原理和数学的思想方法会在头脑中逐步巩固下来，并在一定的情景下得到使用。巩固的数学学习不仅发展了数学能力，有助于以后的学习，而且会在不知不觉中影响人在工作和生活中的思维方式。

数学的难度经常令人畏惧。但是，大家都知道：经过某种程度的苦练，可以对数字敏感而又有快速反应，表现出惊人的计算能力。虽然速算不等同数学，但它却是数学技能的最简单的一种。从另一角度来看，数学的其他的很多方面虽然要相对复杂得多，但是也是可以通过练习取得进步的。数学真正教会人们的东西，主要的当然不是计算，更多的是一些方法和思维能力，我们在实际生活中会自觉或者不自觉地使用它们，并非如有些人想象的和生活毫不相干！生活中说不定什么时候会对我们的思维能力提出要求，花钱需要数学，投资需要数学，进行一次计划也需要运筹，在数学上加把劲有时可能会发生意想不到的作用。

有些古人有一个理想是：做一个侠客，提三尺青锋，学无上技艺，仗剑走四方，荡尽天下不平事。现代人也有这句话：学好数理化，走遍天下都不怕。要知道数理化中数学可是排在最前边。数学就像一把剑，这把剑有以下特点：

1. 越用越锋利。

2. 用剑的功夫需要在学习中磨炼，名师教导也很重要。

3. 需要自己的领悟和琢磨，无上剑法要靠自己创，才能成为大剑客。

4. 剑招讲究逻辑，随便出招不行，练到一定的境界也可以随意挥洒，妙招天成，但还是不能违反逻辑。

5. 这把剑对付自然现象和科学最有效，和人打交道也很有用，但也经常失效。

6. 用剑注意事项：该用的时候多用，不该用的时候不要用。

第三节 向数学家进军

数学是一种永不停息的运动，是一个永无止境的前沿。数学知识和理论是在时间的长河中建造起来的，是众多人，主要是数学家智慧的结晶。

现代社会的一个特征是专业化，这个特征反应在数学学科的发展上特别突出。现代数学的发展堪称一日千里，重要论文数，如以《数学评论》的摘要为准，每 8 至 10 年翻一番。从论文数的增加也可以看到数学家的数量事实上也增长很快，原因很简单，一方面数学的分支学科很多，需要更多的人去研究；另一方面，社会非常需要数学，众多的行业都需要理解数学的人！

数学文献数量的爆炸再加上方法概念的迅速更新，使得工作在不同方向上的数学家连交谈也有点困难，更不用说非数学专业的人了。这使现代数学过于深刻、庞大，变得似乎越来越不容易接近，这在某种程度上妨碍了人们去做数学家的激情，但是很多有才华的人还是选择了他们钟爱的数学。想当初因为徐迟的一篇报道陈景润《哥德巴赫猜想》，多少的神童、有志青年选择了这摘皇冠的专业。但是在现代的我国，非常优秀的专业的搞纯粹数学的数学家不是很多，如今，有数学才能的人很多都去选一些更有"钱"途的专业去了，比如计算机、电机、统计等。

一些人不是专业数学家，或者也不想成为专业数学家，另一些人即使想成为数学家，却不能成为专业数学家，想成为数学家是需要某种能力的。如果你想致力研究数学的话，那你就有必要拿一个数学博士学位。否则，除非你是一个天才中的天才，你就不可能成为高等学府里一个数学教授。因为现代社会里，数学博士被认为是当好一个数学教授的必要从业证书。

何谓天才？华罗庚说过："聪明在于学习，天才在于积累。"从来没有不经过反复操练，一觉醒来便誉满天下的事。许多科学家、数学家之所以得到成果，都须努力不懈，经历无数失败，走了不少弯路才可以成功。促使数学家们坚持努力的一个重要原因是他们对数学的兴趣，一个在中学阶段对数学感兴趣的学生，可以进行一些课外的数学探索和找一些难题来做一做，或者是和有共同爱好的同学组成"数学小组"，以及参加奥数的一些有益项目，这是应该鼓励的。

广泛的兴趣也会在某种程度上成为一个数学家的创造性思维的养料。2002年8月20日，著名数学家丘成桐在接受《东方时空》的采访时说："我把《史记》当作歌剧来欣赏，由于我重视历史，而历史是宏观的，所以我在看数学问题时常常采取宏观的观点，和别人的看法不一样。"同时丘成桐对中国古典文学也有深厚的修养，并且在他的数学研究中还感觉到了他的文学美感对他的数学研究的影响。

我国数学教育在培养数学家方面是有很多不足之处的，这是应试教育带来的弊病。在这种体制下，主要关心的是分数，学生也有好胜心，我考试第几名，我分数比谁谁高，我下次要冲击第一名，等等，这也是一种动力，只是考试结束数学学习的动力就消失了。但是应试教育难以培养学生对数学的兴趣，如果没有兴趣，就会欠缺一种根本的力量去做数学。动力因素是做任何事情都特别重要的一种能力，这可以认为是一种具有特别重要的价值的情商因素。爱因斯坦在纽约大学毕业典礼上面也曾经尖锐地指出：学校里面给学生太多的好胜心，但是却不关注给人好奇心。看来国外的教育发展中也曾存在过这种问题，但是现在西方国家比如美国，已经较好地照顾到了学生的兴趣培养。中国有许多获得奥林匹克竞赛金牌的，他们现在并没有成为世界著名的数学家，甚至在当今我们中国一流的数学家当中也很少看到数学竞赛金牌的获得者，原因在什么地方？很大程度上在于我们的教育方面，没有培养这种在好奇心和兴趣，使他们不能够取得数学的创新与突破。

正是浓厚的兴趣，使一个卓越的数学家能够在抽象世界里自由地探索。陈省身先生曾经说过："早晨醒来，想的第一件事就是数学。我的生活就是数学；终生不倦地追求就是数学，数十年如一日，从没有懈怠过，现在依然如此。"又说："用功不是指每天在房里看书，也不是光做习题，而是要经常想数学。一天至少有七八个小时在思考数学。"以下是陈省身先生在接受采访时和央视主持人的一段对话：

主持人：听说您要求新建的数学楼连走廊上都是黑板，是吗？

陈省身：数学应该是生活的一部分，走路或者聊天，或者吃饭，也许就想想数学。

主持人：难道走路、说话还跟数学有关系吗？

陈省身：当然！

主持人：怎么讲？

陈省身：我跟你这么谈，我还想我的数学问题。

主持人：所以您是每时每刻都在想数学问题，都在想。

陈省身：所以有人问我，每天工作多少小时？没法子说，我一直在想。

主持人：连睡觉也在想吗？

陈省身：连睡觉也在想，别的不会想这个最熟悉。

研究数学是陈省身一生的追求，让中国成为世界数学大国，是他由来已久的梦想，90多岁时，他还在给学生上课，他说："这么大年纪我的思维仍然敏捷，每周还能给学生上几节课，我感到非常幸福！"这是一个伟大数学家的境界。

第四节 做科学家和工程师

《文汇报》2002年8月21日摘要刊出钱伟长的文章《哥丁根学派的追求》。文中提到："这使我明白了：数学本身很美，然而不要被它迷了路。应用数学的任务是解决实际问题，不是去完善许多数学方法，我们是以解决实际问题为己任的。从这一观点上讲，我们应该是解决实际问题的优秀'屠夫'，而不是制刀的'刀匠'，更不是那种一辈子欣赏自己的刀多么锋利而不去解决实际问题的刀匠。"这是一个力学家对数学的看法，很大程度上也说明了科学家、工程师以及一些应用数学家是怎么看待数学的。

社会专业化发展的一个重要趋势是：凡是和思考、推理有关的实际问题，都尽量用数学方法来研究，化为数学的方式，再以计算机为工具进行处理。这种数学化的倾向，其实是一种人脑思维的程序化。当然就像电脑下围棋的水平难以达到理想一样，并不是所有的问题数学方法都能够非常好用，处理过于复杂的问题，数学也常常不能够给出令人满意的解决方案，但是数学的方法仍然具有特别重要的价值，并可以预期随着数学和计算机技术的发展，数学在解决实际问题方面会越来越有效。人们不能不承认，数学对于现实生活的影响正在与日俱增。许多学科都在悄悄地或先或后地经历着一场数学化的进程。现在，已经没有哪个领域能够抵御得住数学方法的渗透。

　　绝大多数理工科专业的知识体系都建立在数学的基石之上。物理学对数学的使用是最广泛和深刻的，在物理学中解释现象和预测未知需要逻辑的推演，因此理论物理学在很大程度上就是数学，有时候甚至很难分清一个人是理论物理学家还是应用数学家。数学的很多理论是在人们追求物理规律的过程中提出和完善而来的；而数学总是给物理提供最适当的科学语言和表达方式。想成为一个工程师，数学是必修过程，原因之一是专业的工程师要面对复杂的计算和推理问题，在数学课上要经常演习的一些内容，比如高等数学课上的积分方法，在工程计算上要经常使用，这一类的运用对于大多数工程师是一种基本技能，当然不同的应用领域在使用着不同的数学。

　　人们从数学课上得到的最大收益是曾对纯粹抽象的东西进行过严格推演，这是数学为什么在科技中有用的另一个更重要的理由。数学课是唯一给人们这种严格推理的体验的课程，这种体验不在于那些课堂上教的重要东西，而在于其本身是数学化的一种思想方式。日常生活中，不会总是进行抽象的思维，所需要的很多思维方式，也可以在社会生活的参与中形成，因此会使人产生数学没有很大用处的感觉。而在高度抽象的领域进行研究和工作时，数学学习的经历会使人产生一种熟悉的感觉，曾经让人感到抽象的东西开始变得具体，因而变得比较容易对付。

　　科学家和工程师虽然面对的是物质的或结构的问题，但会经常借用抽象的方法进行推理。在计算机领域，软件工程全跟抽象相关，它的每一个概念、观点以及方法，都是完全抽象的。要想学好计算机工程专业，那至少要把离散数学、线性代数、概率统计和数学分析学好；要想进一步攻读计算机科学专业的硕士或博士学位，可能还需要更高的数学素养。处理抽象的东西的能力，是数学学习所带给人的最大的特长，这就是很多数学人才会活跃在计算机软件领域的原因。

　　信息社会是数据的社会，经常需要运用某种数学方法来处理信息，大多数的科学结论要依赖于数学运用。国家最高科学技术奖获得者王选领衔完成的激光照排汉字印刷术，就运用了汉字字型数据的数据压缩技术；数字电视制式，依赖于用"小波"技术进行数据压缩；航天实验贵重异常，于是需要从有限的数据中提炼信息，利用数学的方式推测其可靠性；一个股票市场的"海量"数据，必须加以深度挖掘，才能得到有用的信息，这又需要数据挖掘技术方面的数学。其实在各行各业的信息处理上，都依赖于数学方法，活跃着大批拥有数学特长的技术人员。

　　为了做一个科学家和工程师，需要把数学的基础打好。特别值得一提的是，

209

在数学学习中不仅要善于解决问题，还要善于提出问题，这是在我们的学习中所缺乏的一种精神。现在提出问题的能力已经成了一个进行科学发现的重要条件，爱因斯坦说："提出一个问题比解决一个问题更重要。"注意一下小孩子们爱问为什么，这说明提出问题是人的天性，但是长大以后就不怎么爱问了，也不知是社会文化中的什么因素造成的。这种文化上的原因或许可以追溯到过去有皇帝的年代，皇帝肯定不会希望有人问："你为什么当皇帝之类的问题？"这种问题显然会危及他的利益。所以，还是应该把这种提问题的天性解放出来。学习数学也不要只是埋头解题，在学习过程中可以发现问题，这能帮助自己疏通思维渠道，拓展解题思路，提高学习效果。

第五节 别出心裁学数学

有些数学老师水平非常高，往往看到某个试题后马上就能看出出题方式，然后依此列出一大堆的题训练学生，培养了许多应试高手。这种能力属于快速拉抽屉、检索题型的能力，但对这种能力的过度关注，会忽视一些基本的重要的能力培养，所以尝试从另外的角度来探索一些新的学习方式是必要的。

超越分数

学习本来就应该是件很好玩的事情，像搭积木，有成功，也有失败，可是在砌垒的过程中，基础明明已经垒够了，还在被强迫着继续打基础，这么一来精力都没有用在往高建筑上，过多的时间都被浪费在铺地砖了，恐怕也不太好吧。为分数的学习就得不断地重复学习，以追求更高的分数，这也是使学生学习兴趣大减的关键原因之一。

超越分数的人应该是既能在能力上得到发展，又在分数上不吃亏，这样的学生其实有，所以分数是能超越的。超越分数需要的也不一定是聪明，更重要的应该是一个人学习的方式。这种方式是各种影响因素的结果，最终形成一个人的学习习惯，但有一个基本的因素，就是不能"埋头死学"。要养成一个好的学习习惯，需要向他人学习，需要向自己的学习习惯宣战，需要战胜自己的思维定式。

"功夫在诗外"

陆游有一句诗论学习写诗："汝果欲学诗，功夫在诗外。"当然在写诗上不下点功夫是不行的，但是诗外的功夫也是很重要的。其实陆游这句话道出了世上诸般技艺的学习方法。一定要给自己一定的学习之外的时间，在数学之外的一片天地，如果你利用得好，不仅能调整你的精神状态，而且还有还可以体验到感觉不同的另一种数学，这会从另外一个角度促进你的数学学习。

抽出时间去轻松地打一场扑克牌，或者下一盘棋，也是一场数学练习，不过不能过分沉溺其中，就像人们沉溺于题海一样就不好了。从生活的角度来看，这些游戏中所进行的思考，更接近于实际生活中的一般思考。从数学的角度来看，其中的算牌和对策是比一般的数学作业要复杂得多的数学题。因此置身其中的你所进行的思考也是更富于活力的数学思考。在打牌中要积极主动地思考，取得胜利的过程也是增进数学能力的过程。

运动和劳动能给大脑带来活力，研究发现：当人在体力劳动和体育锻炼时，脑子里氧气最充分，所以不要过分努力学习使自己失去了给大脑充电的宝贵机会。在劳动中也可以偶尔琢磨一下数学，这可能对你的暂时的数学成绩不一定有用，但从长远看有提高成绩和能力的双重价值。比如说，在家里边洗衣服，你的大脑也可以一边设计：设洗衣机的容量为 X，水和洗衣粉分别为 Y 和 Z，再加上水的转速和用电量，这些也是磨炼数学思维的方法，并且有利于你将正在做的事情做得更好。

做题训练

数学题目做得也不算少，但怎么就是数学成绩不行呢？如果我们能进行这样的思考，那么很快就会发觉，这其中还有一个重要的因素在左右着我们的数学成绩的提高，那就是数学的学习方法。许多同学由于没有正确地掌握训练数学技能的方法，陷入题海，茫茫然不知所措。

做题不只是脑力劳动，还是体力劳动，这种劳动不同的人有不同的方式，有的学习者熟了也不见得能生巧，关键要有一种训练意识，就像走路和跑步，他们都是运动，但对自己的影响不同，同样的路程需要的时间也不同。有些人做练习是靠跑步的方式，有些人是用的一般的走路的方式，所以一样在做题，效率不同。这种快速的方式还能影响到你做题的时候思考的速度，所以要进行快速做题训练，才能冲出题海。训练必须讲究方法，如果不在训练中运用什么方法，那就很难超越自己的现在的行为习惯。人脑是一个奇妙的机器，要善于操作和运用他，使它发挥奇妙的新的价值，并去冲击新的可能性，因为大脑的潜力太大了。

举一个例子，很多将军如果不是在战争年代，不过是一个普通的农民而已，但是战争提供了一个环境，逼着他们必须去使用自己的大脑，面对错综复杂的问题进行决断，这反而改变了他们的大脑，使他们不再是一个普通的人，这就是训练的价值，所以要给自己的大脑来一点训练、来一点压力。当然压力也不要太大，这要好好把握。

训练快速做练习题的能力，需要有目的选择简单些的一定数量的题，时间上必须有所限制。但这种做法，必须是积极主动的，具体做的方法应该是追求最快的速度，甚至可以用一块秒表监督自己的速度，还要放下思想包袱，用一种游戏的方式去做。除此之外平时的作业题，如果对你难度不够，你还可以形成一个每天用一定的时间思考难题的习惯，这种平时的积累会增加你将来应对难题的经验。

第六节 让数学在生活中发挥神奇作用

如果不将自己的目光投在课本上的数学以及很专业的数学上，那么数学应该是很亲切的一种东西，甚至它不需要你将它学得一定要有多好。不管对于何种数学水平的人，它都不但是一种使人变得聪明的绝佳方法，而且还能使人在生活的各方面受益。数学在生活中的作用，特别是在经济方面的作用，本书前边的部分已经探讨过了，这儿只想为读者提供一些富有启发性的实用的见解。

智力游戏

人的统帅是人的大脑，大脑越用越灵，所以一定要给自己的脑子找一点挑战性的事情做，才能使他保持最佳状态。很多人走出学校的大门，由于没有什么考试和分数方面的压力，数学一般也就不怎么接触了。一些人因为从事的工作没有什么智力上的挑战性，而生活安排也单调乏味，造成大脑思维僵化，对于年老的人来说，就意味着大脑衰老得更快。因此人不可没有一些智力上的爱好。对于年轻人这是一种智力的锻炼，对于老年人这可以延缓衰老。只要是能使大脑运转起来的活动都是有益的活动。

可以养成这样的一个爱好，就是趣味数学题方面的爱好，并且这种数学题还可以在家庭成员中展开讨论，这有利于丰富生活情趣、增加生活中的活力。趣味数学问题的魅力是一般的流行的谜语所不能比拟的，只是因为我们的社会没有这种有很多人喜欢趣味数学问题的文化氛围，才使这种趣味没有谜语及其他游戏更加广泛。其实在社会上也有一些民间的数学爱好者，他们非常喜欢思考和讨论数学问题，他们这种习惯是值得学习的。

参与智力游戏并在智力游戏中取胜也是一件很有意思的事情，很多智力游戏都可以选择，打桥牌、下象棋、围棋，甚至古老的智力玩具，这些渗透着数学思维的智力游戏都是很有价值的活跃大脑的方法。当然也可以设计其他的爱好，比如为计算机编制程序等，不但锻炼大脑，还有可能有益于自己的事业发展。

聊天和辩论

很多人都喜欢聊天，聊天是有益于人的身心的一种活动，健康的聊天可以丰富人的生活和情感，也是人和人之间交换信息的一种活动，善于聊天的人是聪明的。虽然有一些人声称自己不喜欢闲聊，但兴趣来了也会很热烈地聊上几句。

多费一点力气，利用数学中统计的方法，有时候它能使你的谈话拥有一些更权威的看法，统计本身正是非常有生活价值的数学。经过信息的收集、整理、分析，可以根据具体问题的需要制作适当的统计图描述数据，并从统计图中得到有用的信息。比如：关注一次体育比赛，可以就自己关心的问题列出统计图表，这个表可以使自己对整个比赛过程的了解更清晰。对于篮球赛，借助于统计图表可以进行各种分析，判断哪一个运动员得分最高，技术最好，谁和谁最富于合作精神，等等。这些看法可以用于生活中的讨论，这种讨论对分析问题的能力也是一种锻炼。

有时候聊着聊着两个人会辩论起来，当然这儿不是说两个人吵架。要想成为一个好的辩论者，而不是一个诡辩者，数学素养这时候就可以发生作用。逻辑在数学中的合理运用会通过数学训练影响改造人的思维，用于辩论你有可能成为一个无坚不摧的辩论者，这正如一句名言所说："逻辑是不可战胜的，因为要反对逻辑还得使用逻辑。"不过也别锋芒太露，要给别人一点面子。也不要太自信，因为这一套技术对付有些诡辩者没有用，他们不讲逻辑。

管理自己和自己的事业

解决数学问题的过程常常会困难重重，需要人不怕困难、克服困难，调动自己的智慧去解决问题，而且数学要求人解决问题的过程要遵循一定的规则。数学的精神可以给人的生活以启示，人生漫漫长路，人的成就不到盖棺，不能定论。要想取得成功就得抱着屡败屡战的态度，胜不骄败不馁，最重要的是经常抓住机会学习，最后就能做到熟能生巧，克服困难，管理好自己和自己的事业。

借助于计算机软件管理企业是现代大型企业的时尚，管理软件中渗透着数学的思想和方法，借助于数学模型，企业能用科学的方式来安排管理方面的很多细节问题，这就节省了很多对细节的思考时间，并得到一些客观的结论，以运用于企业的决策。那么对自己的管理也可以从数学的角度来观察，并有效地运用数学来管理自己的生活和自己的事业。事实上，在软件市场上也有一些个人信息管理软件、个人理财管理软件等，很多软件产品都可以运用于自己日常的工作和生活，这些是对个人的需要运用数学手段进行提炼，并建立数学模型，编制计算机程序进行处理的结果，善加利用可以服务于人的生活。

个人生活中的计划和安排也可以看成一个运筹学问题，自己的工作量，时间上的安排也要符合一定的逻辑规则，这是一个可以量化考虑的问题，最恰当地安排自己的工作和生活，使自己在时间管理上发挥最大效能，事实上需要一定的推理能力，这是一个人做事有效率的基础，关系着一个人的事业发展。

第11章

数学思维能力的塑造

赤兔马不遇关云长也不能发挥最快的速度。数学经常会使一些人难堪，也因而在所有的学科里，受人诅咒大概最多。数学能力是可以塑造的，这意味着获得学习和理解数学知识所必不可少的技能。数学能力的一个最重要也最难理解的侧面是数学思维。围绕着逻辑思维，还有着许多似真的、形象性的思维作为支撑，因而数学给人的是全面的思维训练。

第一节 从微观看数学能力

从细微之处探讨一下数学能力，对于有心于塑造自己的数学能力的人应该具有启发性。但仅仅是研究和知道数学能力是怎么回事，并不能使人具有数学能力，因为这种能力必须靠亲身磨炼才能得到。这有点像游泳，根本的水平提高在于坚持和不断的训练，而不在于对理论的了解。

学习数学仅靠努力是不够的

虽然"天才出于勤奋"是一句广泛为人认可的名言，但是勤奋并不能解决一切问题。教会一些人数学是困难的，要人脑处理抽象的东西并不总是容易的，甚至有时候极度困难，这也是困惑教育工作者的一个问题。事实上人类有机会像现在一样学习数学也没有多少年，直到 300 年前数学家才开始能自如地处理零和负数，直到今天还有许多人不能接受负数的平方根是真正的数，他们很难理解和接受复数。

数学是需要反复练习的课程，因此也经常可以看到勤奋给数学成绩上的进步带来的辉煌成果。中国学生的勤奋是在世界上出了名的，奥数上取得的成绩也是有目共睹的，但似乎并没有给中国培养数学家带来多少优势。详细地考察勤奋的心理因素会发现：勤奋并不是那么简单，很多人都认为应该勤奋，但是自己却未必真的会勤奋，这个勤奋其实是一个复杂的对自己学习行为的控制能力，是一种掌握自己的心理的艺术。勤奋好像是一个努力的过程，但是一些人看起来很勤奋，不过是因为对数学非常感兴趣而已，还有一些人看起来很勤奋，不过是因为形成了一些不正确的学习习惯，导致效率低下，不得不勤奋而已，所以对于学习的效果来说，勤奋不是唯一的原因。

努力只是人们为了掌握数学所展示的精神的一个侧面，掌握数学需要调动多种心理机能的参与，特别需要形成一种独立的学习能力，是一种主动掌握数学知识或技能的多层次的综合性能力。由于思考是一种独立性很强的工作，显然数学能力在很大程度上还是一种自学能力。联合国教科文组织终身教育局长保罗·郎格朗说："未来文盲，不再是不认识字的人，而是没有学会怎样学习的人。"要想掌握数学这个工具，也需要从"学会"到"会学"的过程。

领悟数学

人掌握数学依赖于人的生活和学习经验。事实上，对抽象的形式化的东西的掌握，需要以对具体的事物的经验作为基础，经验使人的认知结构不断发展，人才有可能拥有一双能用数学视角观察世界的眼睛，和能用数学思维思考世界的头脑。人的经验可以看作两个部分：一部分是情感方面的体会和感受，可以称为体验。一种是认知方面的具体的感觉、理解和联想，这是一种领悟的过程，表现为人的悟性。

数学能力中悟性是重要的因素，它与数学学习有密切的关系，它介于感性认识和理性认识之间，是联结感性与理性的带有奇妙体验的心灵纽带。对于学习者来说，没有领悟的材料是僵化的材料，没有领悟的理论是空洞、乏味的理论。领悟是一种心理过程，先有所感，方有所悟。不同的人往往表现出不同的悟性，有的人想法很有创造性，产生"奇思怪想"，追求最好的解决问题的方法，这也是一种悟性。这种悟性是因为思维所迸起的"智慧"火花，有了这种悟性，自己会矫正自己的思维方向，自己会去梳理自己的思路，也会去捕捉别人思维的闪光点。悟性的养成与提高主要靠的是经验，不仅仅是学习课本数学时的经验。

数学给人最深刻印象的是逻辑的运用，但是学习数学最难的并不是逻辑，人的逻辑思维能力的形成应该是在人大约 15 岁以前，在学习平面几何时就已经形成了，大致相当于心理学家皮亚杰所描述的形式运算阶段。与其说数学学习是锻炼人的逻辑思维能力，不如说是在运用人的逻辑能力，或者是养成人的一些思维中的逻辑习惯。领悟数学真正困难的是一种直觉的理解和创造能力，这种能力我们能感觉到我们在运用它，但是却难以描述它和把握它。我们甚至不知道我们的努力和学习是如何改变这种能力的。

将思维看成一种程序技能

法国布尔巴基学派的数学家在《数学的建筑》一书中有这么一句话："单是验证了一个数学证明的逐步逻辑推导，而没有试图洞察获得这一连串推导的背后的意念，并不算理解了那个数学证明。"而这种洞察是困难的，自己的大脑特别是自己的思维似乎是人类观察的一个盲点，心理学难以发展到令人满意的程度就是对这个看法的一个说明。

虽然我们甚至不太清楚在大脑中所进行的数学思维是并行处理还是串行处理，但为了了解的方便，我们不妨将我们所进行的一系列数学活动看成一个程序性的过程，当然这种做法是比较粗糙的。这个过程大致是这样的：通过观察或阅读和理解，我们把信息分类，存放到我们的记忆中；在接收到信息后，这些信息和大脑中存在的一些信息结合；未知的信息是我们的大脑始终要关注的一个焦点，这个焦点似乎在推动着大脑内在各种已知信息之间搭建联系的神经活动；通过一系列的简单的联系，组成更复杂的联系，有时候会很复杂，很多"点"联系起来组成的似乎是"网络"而未必是"线"；有时候这种联系无助于未知问题，这就使大脑陷入了"僵局"，"哥德巴赫猜想"大概是使世界上最多的大脑陷入这种僵局的问题，有时候这种联系似乎成功了，这就可以提出解决问题的猜想，而逻辑则起到最后进行裁判的作用，裁判不认可还得重来；最后是进行表达，这种技能也需要长期的学习。在探寻结论的过程中，会经常使用纸和笔来辅助进行思维，也许还可以借助其他工具。还有可能得到新的灵感和结论，这是一种创造力，如果得到世界上还没有的结论和看法，那就是数学创造了。

思维程序的有些部分可以被了解得很清楚，那么这种"程序技能"就可以通过练习或训练来塑造，不同的人对这种程序有不同水平的了解，这大概也是决定一个数学教师水平的因素之一。程序的有些部分我们了解的不清楚，大概越是一般人不清楚的地方和重要的创造性关系越大。

第二节 驾驭数学是一种艺术

世间任何技艺都有一个逐渐掌握的过程。驾驭数学是一种艺术，拥有这种艺术，就能纵横驰骋在数学的广阔天地里，小则能得到分数并使头脑聪颖，大则可以能有所创造、发现和进行了不起的运用。艺术是奇妙的，我们一般不能掌握和透视艺术的全过程，但是又是有规律可循的。

是聪明还是手熟

数学老师经常建议学生要多看书多做题，目的是为了让学生对基本的东西达到娴熟的境界，然后就自然会"生巧"。欧阳修的《卖油翁》里，老翁用倒油的神奇动作向一个"当世无双"的射箭高手讲述了"无他，惟手熟尔"的道理。成语里的"熟能生巧"更是概括了"熟"所能带来的一切，而要达到娴熟必须勤学苦练基本功，动手的是如此，动嘴的职业也是，动脑的也概莫能外！这就是为什么有人说"天才 =1% 的天分 +99% 的努力"的道理。

陈省身先生有一次在谈到数学时说过："所有这些东西一定要做得多了，才比较熟练了，对于它的奥妙有了解，就有意思。比方说在厨房里头炒菜，炒个木须肉，你这个菜炒了几十年，才是了解得比较清楚。数学也是这样子，有些工作一定要重复，才能够精，才能够创新，才能做新的东西。"

聪明在很大程度上大概也是"手熟"的结果，之所以认为他们比我们聪明，或许是因为他脑子里经常在进行思维练习。他在心里打"小算盘"的时候，我们听不到现实中算盘的噼里啪啦的声音，这似乎是"偷偷"地进行的，我们才以为是很奇妙的天赋聪明。我们每每是看到了人的聪明，看不到一个人的熟练，不知道所有的聪明背后有一个共同原因就是熟练。

不过这种熟练的过程也不仅仅是重复那么简单，也是需要动脑筋的，要不为什么用同样的时间"练习"不同的人会取得不同的效果？过度的练习也有可能产生"适得其反"的效果，比如，如果题海战术扩大化，会不会把脑子练成了"一根筋"，从而损害创造性呢？

细节的锤炼

数学学习是由很多细节组成的过程，其中做题最重要，当然听课、看书以及同时所进行的思考也很重要。学数学要有一种琢磨的过程，通过琢磨，改善对所学内容的理解、改进推理的思路和方法、发现不同的数学领域之间的内在联系、拓展数学知识的应用范围以及解决现实问题等，并针对自己的问题进行训练，直到成为自己的习惯。

学习的过程体现着一个人的学习方法，方法是金钥匙。学习者一旦掌握了学习方法，就能自己打开数学的大门。有些人虽对数学有兴趣，但学习方法有问题，学习时走马观花、不求甚解。学习细节的雕琢要体现方法的原则，掌握了方法在正确的学习程序的基础上训练速度和准确性，才能形成好的学习习惯。可以注意在以下方面进行训练：

1. 阅读的训练，进行数学的"粗读"和"细读"，难懂章节，反复研读。对重要语句、关键字词要认真领会。

2. 对例题先思考，后对照，着重比较、学习解题方法、技巧，并注意书写格式。先领会课本内容后做练习，最好不要边看边做，因为照本宣科地模仿，会导致不求甚解，并影响后边的练习的速度效果。

3. 练习或作业，要追求最快速度，如速度不行，就增加一些练习的量，培养敏锐的感觉。

4. 尝试一题多解，这有益于思维的创造性，还要通过思考难题锻炼解决问题能力，但不要过多地沉迷于难题。

5. 解答的叙述和表达部分比较容易通过练习解决，不要使它成为障碍。

6. 注意总结。学完章节认真小结。测验后或作业批改后要及时订正，弄清原因，及时巩固正确的方法。着重解题过程，比较解题方法，从中看出自己思考过程中的细节问题，以便改进。

调整和掌握自己的精神状态

在数学活动中不但有智力因素的参与，还有非智力因素的参与，这种非智力因素在面对数学问题时表现为人的精神状态。人的精神状态是很微妙的，例如：一次重要的考试或一次针对重要的事情的思维会因为精神状态的问题而导致失败，从而对人的未来发生重要的影响。我们很难说清楚智力因素和非智力因素对数学学习的影响哪一种更大，表现为智力活动的数学思考的效率总是在受这种精神状态因素影响。一般来说，一个失败的学习者总是表现为一种压抑的情绪状态。影响精神状态的因素有一些是属于个性方面的，有些是属于个人学习方式方面的，还有身体状况方面的因素，等等。

美国人之所以有较好的创造精神，可能和美国人的个性因素有关系，美国文化中强调个人主义，注意发扬个性，尊重个性；中国的校园文化和学习生活经常是紧张的、压抑的，甚至是神圣的，这使学习者的心理难以有自由张扬的感觉，这在一定程度上会影响人的活力和创造力，所以还是应该快乐起来。对于数学学习来说，活泼的个性是有益的，会使人的思维更加活跃。

描述精神状态，人们每每用情绪一类的字眼，可以说精神状态就是情绪。心理学中一个普遍认可的规律是行动产生情绪。那么在数学学习之前的课外活动中你是怎么活动的，就和自己的学习中的精神状态就有了关系，所谓不会休息就不会工作就是这个道理。你的看书、思考和表达的方式，构成了你在学习中的行动，按照行动产生情绪的规律，它们也会影响你的精神状态，所以在学习中一定要形成一种有活力的学习方式。另外，精神状态和人的健康、饮食的状况都有关系，调整自己的精神状况，使自己在学习时候充满活力，是每个人都应该重视的。一种好的精神状态，能使人注意力集中，观察细致，联想活跃，记忆力强，使各种智力因素处于全面竞技状态，使人积极地寻求达到学习效果的途径，同时也是自己不知不觉地进入快乐的"数学王国"，这会潜移默化地影响自己的数学能力！这就像下棋，当你状态好的时候和你状态不好的时候，你比较一下就知道了，所以要学会把握自己的精神状态，这是驾驭数学的艺术的一个重要方面。

第三节 破解数学之乐趣

人们在生活中接触和使用着数学，有时候还会充满乐趣地进行一些数学计算和一些非常有吸引力的数学游戏，大多数人对其中的数学创造是很感兴趣和欣赏的。只是在学校里读了几年书之后，大部分人似乎对数学不能有浓厚的兴趣，其中原因是值得深思的。

数学的趣味

数学研究是需要兴趣的。数学之所以能吸引一代又一代人去学习他，探索它的奥妙，很大程度上是因为数学研究的过程中，充满了成功和欢乐。数学家的一个题目或者项目通常要做几个月甚至几年，有个别数学家甚至会为了一个问题考虑上一辈子。很难想象：如果没有兴趣，怎样持续这么长时间的研究！

陈省身先生最著名的一句话是："数学好玩。"他一生对数学情有独钟，执着研究数学达 70 年，"数学好玩"这种因素应该是使他持之以恒的主要动力之一。

什么是好玩？陈省身还说"好玩就是不怎么要紧"。要是把事情看得太要紧了就不好玩了。这是我们很多人得到和"数学好玩"相反的感觉的主要原因之一，我们因为要考试，要瞄准分数，这使我们得到了太大的压力，就不好玩了。

对于没有体会到数学之乐的人来说，数学的乐趣是可意会而难以言传的。对于什么是趣味，古代学者袁宏道在《叙陈正甫会心集》中说："世人所难得者唯趣。趣如山上之色，水中之味，花中之光，女中之态，虽善说者不能一语，唯会心者知之。"数学兴趣是从事数学学习或研究时的一种积极的倾向，和快乐等情绪因素相连，也和习惯等因素有关。他推动着人很有味道地从事数学学习或研究，就像来一次美餐；它使人情绪活跃起来给人带来创造性；兴趣通过影响人的行为影响和塑造着一个人的能力，从而影响着一个人的未来发展。比如，一个儿童对积木的兴趣，以后可能转变为对数学特别是几何的兴趣，这种兴趣又会塑造他在数学方面的能力。

趣味是怎么产生的

生命在于运动，各种各样的运动都有特别的乐趣，动脑的乐趣则是一种特别上瘾的乐趣。这可从生活中经常观察到，最明显的是下棋时那些棋迷的表现。就其实质来说，数学的趣味主要是一种思考的乐趣，数学学习和研究是以思维为中心的，数学是思考的游戏；是触类旁通、举一反三；是用最巧妙最省力的方法解决问题；是在一大堆看似无关的数字，甚至事物之间寻找微妙的规律；是自由地在观念世界中的探索。很多人从小就对数学很感兴趣，他们能回忆到自己在解决数学难题时，那种思维的沉迷，那种解决问题时兴奋的感觉。

其他的活动比如阅读、听课、书写答案的方式等等也会影响数学方面的兴趣，但只有形成思考的乐趣才会真正地沉浸于数学之中，感受到它最直接最真实的魅力。问题的解决以及它所带来的成功会增加这种乐趣，兴奋的成功体验也经常是人们对数学产生兴趣的原始动力，正如比尔·盖茨所说："没有什么东西比成功更能增加满足的感觉，也没有什么东西比成功更能激励人为了进一步的成功而努力。"

自己思考、自己发现、自己解决问题的喜悦，是发展数学能力的源泉。主动的思考才有更纯净的乐趣，下棋的时候背后有一个指挥者会有一种味同嚼蜡的感觉。数学的乐趣对于不同的人也是不同的，比如对于小孩子来说，数学突出的孩子对有难度的、抽象的数学感兴趣；一般的孩子更喜欢和实际联系在一起的较为新奇的数学。在学习数学中有些人没有得到太多的乐趣，原因之一是数学教育的环境没有过多的关注他们的这些特点。

花儿很美，并不能使我们每个人都经常去看它。虽然数学是美妙的，但是兴趣只能来自于人的内心。人的心灵是微妙的，好奇心、好胜心、环境、行为习惯等等都会影响人的数学兴趣。所以还是要用心去参与数学才能有乐趣感受数学的美妙。一个人从没有兴趣到有兴趣有一个学习和领悟的过程。梁启超在《学问之趣味》中谈到趣味获得第一要"无所为而为"，就是不要有太多的目的。第二是"不息"，就是不停地做下去。第三是"深入地研究"，研究深入了就会欲罢不能。他的看法表达了做事的一种境界，陈省身是这种境界，很多大科学家大概也是这种境界，在企业界的有些企业家也有这种境界。具体到学习数学也需要有这种精神在数学中找到乐趣。

培养数学乐趣的招数

要想尝试数学的乐趣，以下几个建议读者可以一试：

1．把数学和真正好玩的东西结合起来，或者从事好玩的数学游戏，自然就是在学习数学，各种棋、牌或者智力玩具更是天然的数学游戏工具，尤其是小孩子在玩游戏的时候自然就是在感悟数学。

2．尝试比赛的乐趣，两个人赛跑很让人兴奋，比一比谁算得快，谁最快得出结论，谁的成绩更好等都是具有乐趣的，好胜心一直是一个推动人前进的动力。

3．主动去思考，这是一个在数学的世界里类似于旅游的过程。简单的题目对人构不成挑战，人就缺乏了征服困难的乐趣。可以尝试较难些的数学问题，以研究者的身份，参与包括探索、发现在内的数学过程，可以体会到努力过程的快乐，享受成功的喜悦。

4．简单的重复也可以找到乐趣，比如速度的乐趣，或许问题不难，但干净利索的完成任务也会带来成功的体验，也能有一种"很爽"的感觉。所以寂静的教室里，同学们快速写作业的沙沙声，似乎代表着一种快速去完成任务的乐趣。

5．和实用结合起来，事实证明：数学发展的最大的动力还是来自于社会的需要，如果能在自己的生活中会发挥数学的作用，那么自己就会对数学感兴趣。不过这话说说容易，在生活中处处用数学是不可能的，这就要求做一个有心人，在生活中善于思考，并有去解决问题的习惯。

6. 借助社会的感染力，人和人之间是相互感染的，你的老师、同学、朋友或家庭的兴趣很可能会传染到你身上，这种感染是潜移默化的，又是最为有力的。

第四节 创建数学学习环境

英语学习如果能够解决缺乏英语环境问题的话，英语会话能力就自然容易提高了。对数学来说，道理也是一样的。为了提高数学水平，仅仅一个人的主观努力未必能奏效，注意到环境的微妙影响，形成和创建一个好的数学学习环境，则是一种聪明的影响深远的做法。

环境的力量

一个人的爱好或某种技能的形成和他所处的环境有密切的关系。一个人喜欢下象棋，一个重要的原因是：他所处的环境中有人喜欢这种游戏，榜样的力量是巨大的，耳濡目染之下就形成了自己的这种爱好。

主动地了解和适应环境是人的天性。如果是在一个数学气氛浓厚的环境，一个人会自然而然地越来越了解数学，数学能力和兴趣的积累在很大程度上取决于对数学的这种了解。一个数学家的家庭和一个爱打麻将的家庭相比，显然给孩子的发展提供了不同的数学环境。生活环境也是一个数学学习环境，如果这个环境会经常向人提出数学问题，这显然会启发人进行思考。

从另外一个角度来看，一个能够正常交流的有着融洽气氛的家庭，和一个总是在争吵并经常对孩子进行训斥的家庭相比，也会带给孩子不同的心理状态，这会影响孩子的个性，并导致孩子在数学学习中的不同的个性表现。根据心理学中的行为主义观点，人的行为是对环境做出的反应。一个好的数学学习环境可以激发人的兴趣和注意力，影响到人的情绪和信息的获取。环境中的奖励和惩罚在很大程度上也影响着人的数学学习的行为习惯的形成。

描述精神状态，人们每每用情绪一类的字眼，可以说精神状态就是情绪。心理学中一个普遍认可的规律是行动产生情绪。那么在数学学习之前的课外活动中你是怎么活动的，就和自己的学习中的精神状态就有了关系，所谓不会休息就不会工作就是这个道理。你的看书、思考和表达的方式，构成了你在学习中的行动，按照行动产生情绪的规律，它们也会影响你的精神状态，所以在学习中一定要形成一种有活力的学习方式。另外，精神状态和人的健康、饮食的状况都有关系，调整自己的精神状况，使自己在学习时候充满活力，是每个人都应该重视的。一种好的精神状态，能使人注意力集中，观察细致，联想活跃，记忆力强，使各种智力因素处于全面竞技状态，使人积极地寻求达到学习效果的途径，同时也是自己不知不觉地进入快乐的"数学王国"，这会潜移默化地影响自己的数学能力！这就像下棋，当你状态好的时候和你状态不好的时候，你比较一下就知道了，所以要学会把握自己的精神状态，这是驾驭数学的艺术的一个重要方面。

第三节 破解数学之乐趣

人们在生活中接触和使用着数学，有时候还会充满乐趣地进行一些数学计算和一些非常有吸引力的数学游戏，大多数人对其中的数学创造是很感兴趣和欣赏的。只是在学校里读了几年书之后，大部分人似乎对数学不能有浓厚的兴趣，其中原因是值得深思的。

数学的趣味

数学研究是需要兴趣的。数学之所以能吸引一代又一代人去学习他，探索它的奥妙，很大程度上是因为数学研究的过程中，充满了成功和欢乐。数学家的一个题目或者项目通常要做几个月甚至几年，有个别数学家甚至会为了一个问题考虑上一辈子。很难想象：如果没有兴趣，怎样持续这么长时间的研究！

陈省身先生最著名的一句话是："数学好玩。"他一生对数学情有独钟，执着研究数学达 70 年，"数学好玩"这种因素应该是使他持之以恒的主要动力之一。

221

什么是好玩？陈省身还说"好玩就是不怎么要紧"。要是把事情看得太要紧了就不好玩了。这是我们很多人得到和"数学好玩"相反的感觉的主要原因之一，我们因为要考试，要瞄准分数，这使我们得到了太大的压力，就不好玩了。

对于没有体会到数学之乐的人来说，数学的乐趣是可意会而难以言传的。对于什么是趣味，古代学者袁宏道在《叙陈正甫会心集》中说："世人所难得者唯趣。趣如山上之色，水中之味，花中之光，女中之态，虽善说者不能一语，唯会心者知之。"数学兴趣是从事数学学习或研究时的一种积极的倾向，和快乐等情绪因素相连，也和习惯等因素有关。他推动着人很有味道地从事数学学习或研究，就像来一次美餐；它使人情绪活跃起来给人带来创造性；兴趣通过影响人的行为影响和塑造着一个人的能力，从而影响着一个人的未来发展。比如，一个儿童对积木的兴趣，以后可能转变为对数学特别是几何的兴趣，这种兴趣又会塑造他在数学方面的能力。

趣味是怎么产生的

生命在于运动，各种各样的运动都有特别的乐趣，动脑的乐趣则是一种特别上瘾的乐趣。这可从生活中经常观察到，最明显的是下棋时那些棋迷的表现。就其实质来说，数学的趣味主要是一种思考的乐趣，数学学习和研究是以思维为中心的，数学是思考的游戏；是触类旁通、举一反三；是用最巧妙最省力的方法解决问题；是在一大堆看似无关的数字，甚至事物之间寻找微妙的规律，是自由地在观念世界中的探索。很多人从小就对数学很感兴趣，他们能回忆到自己在解决数学难题时，那种思维的沉迷，那种解决问题时兴奋的感觉。

其他的活动比如阅读、听课、书写答案的方式等等也会影响数学方面的兴趣，但只有形成思考的乐趣才会真正地沉浸于数学之中，感受到它最直接最真实的魅力。问题的解决以及它所带来的成功会增加这种乐趣，兴奋的成功体验也经常是人们对数学产生兴趣的原始动力，正如比尔·盖茨所说："没有什么东西比成功更能增加满足的感觉，也没有什么东西比成功更能激励人为了进一步的成功而努力。"

自己思考、自己发现、自己解决问题的喜悦，是发展数学能力的源泉。主动的思考才有更纯净的乐趣，下棋的时候背后有一个指挥者会有一种味同嚼蜡的感觉。数学的乐趣对于不同的人也是不同的，比如对于小孩子来说，数学突

是聪明还是手熟

数学老师经常建议学生要多看书多做题，目的是为了让学生对基本的东西达到娴熟的境界，然后就自然会"生巧"。欧阳修的《卖油翁》里，老翁用倒油的神奇动作向一个"当世无双"的射箭高手讲述了"无他，惟手熟尔"的道理。成语里的"熟能生巧"更是概括了"熟"所能带来的一切，而要达到娴熟必须勤学苦练基本功，动手的是如此，动嘴的职业也是，动脑的也概莫能外！这就是为什么有人说"天才 =1% 的天分 +99% 的努力"的道理。

陈省身先生有一次在谈到数学时说过："所有这些东西一定要做得多了，才比较熟练了，对于它的奥妙有了解，就有意思。比方说在厨房里头炒菜，炒个木须肉，你这个菜炒了几十年，才是了解得比较清楚了。数学也是这样子，有些工作一定要重复，才能够精，才能够创新，才能做新的东西。"

聪明在很大程度上大概也是"手熟"的结果，之所以认为他们比我们聪明，或许是因为他脑子里经常在进行思维练习。他在心里打"小算盘"的时候，我们听不到现实中算盘的噼里啪啦的声音，这似乎是"偷偷"地进行的，我们才以为是很奇妙的天赋聪明。我们每每是看到了人的聪明，看不到一个人的熟练，不知道所有的聪明背后有一个共同原因就是熟练。

不过这种熟练的过程也不仅仅是重复那么简单，也是需要动脑筋的，要不为什么用同样的时间"练习"不同的人会取得不同的效果？过度的练习也有可能产生"适得其反"的效果，比如，如果题海战术扩大化，会不会把脑子练成了"一根筋"，从而损害创造性呢？

细节的锤炼

数学学习是由很多细节组成的过程，其中做题最重要，当然听课、看书以及同时所进行的思考也很重要。学数学要有一种琢磨的过程，通过琢磨，改善对所学内容的理解、改进推理的思路和方法、发现不同的数学领域之间的内在联系、拓展数学知识的应用范围以及解决现实问题等，并针对自己的问题进行训练，直到成为自己的习惯。

学习的过程体现着一个人的学习方法，方法是金钥匙。学习者一旦掌握了学习方法，就能自己打开数学的大门。有些人虽对数学有兴趣，但学习方法有问题，学习时走马观花、不求甚解。学习细节的雕琢要体现方法的原则，掌握了方法在正确的学习程序的基础上训练速度和准确性，才能形成好的学习习惯。可以注意在以下方面进行训练：

1. 阅读的训练，进行数学的"粗读"和"细读"，难懂章节，反复研读。对重要语句、关键字词要认真领会。

2. 对例题先思考，后对照，着重比较、学习解题方法、技巧，并注意书写格式。先领会课本内容后做练习，最好不要边看边做，因为照本宣科地模仿，会导致不求甚解，并影响后边的练习的速度效果。

3. 练习或作业，要追求最快速度，如速度不行，就增加一些练习的量，培养敏锐的感觉。

4. 尝试一题多解，这有益于思维的创造性，还要通过思考难题锻炼解决问题能力，但不要过多地沉迷于难题。

5. 解答的叙述和表达部分比较容易通过练习解决，不要使它成为障碍。

6. 注意总结。学完章节认真小结。测验后或作业批改后要及时订正，弄清原因，及时巩固正确的方法。着重解题过程，比较解题方法，从中看出自己思考过程中的细节问题，以便改进。

调整和掌握自己的精神状态

在数学活动中不但有智力因素的参与，还有非智力因素的参与，这种非智力因素在面对数学问题时表现为人的精神状态。人的精神状态是很微妙的，例如：一次重要的考试或一次针对重要的事情的思维会因为精神状态的问题而导致失败，从而对人的未来发生重要的影响。我们很难说清楚智力因素和非智力因素对数学学习的影响哪一种更大，表现为智力活动的数学思考的效率总是在受这种精神状态因素影响。一般来说，一个失败的学习者总是表现为一种压抑的情绪状态。影响精神状态的因素有一些是属于个性方面的，有些是属于个人学习方式方面的，还有身体状况方面的因素，等等。

美国人之所以有较好的创造精神，可能和美国人的个性因素有关系，美国文化中强调个人主义，注意发扬个性，尊重个性；中国的校园文化和学习生活经常是紧张的、压抑的，甚至是神圣的，这使学习者的心理难以有自由张扬的感觉，这在一定程度上会影响人的活力和创造力，所以还是应该快乐起来。对于数学学习来说，活泼的个性是有益的，会使人的思维更加活跃。

太极拳等动作技能的学习是一个模仿学习的过程，借助于语言作为媒介进行模仿，也是学习数学技能的一个重要侧面。所以人在数学上的能力表现也取决于环境中有什么可以供你模仿的。当然也有一些道理是只可意会不能言传的，而为了领会这些道理，环境的微妙影响和个人的领悟都很重要。

学校的责任就是给学生的学习创造好的环境，很多教师也注意到了环境问题在教学中的作用。每个学生都有各自的生活环境和家庭教育，从而导致不同的学生有不同的思维方式和解决问题的策略。教室应该提供丰富的教学环境，适合尽可能多的学生的心理状况，比如多媒体教学模式就是一个积极的尝试。

读书是一个重要的学习数学的方式，书本也算是学习数学的环境因素。对书本的选择要精，只要优选基本较好的书就行了。有些人有太多的参考书，不正确的阅读习惯会打乱学习数学的秩序，影响到学习的效果。

名师出高徒

现代社会靠一个人打天下越来越难了，在竞技运动中，一个优秀的运动员，不管他的个人水平有多高，他都需要一个理解他、关心他，并能随时向他提供各种指导、鼓励和责备的好教练。爱因斯坦是一个独立思考型的人，他的学生生涯里可能没有得到来自老师的很多积极的影响，但这只是一个很特殊的情况。现代社会的大部分行业都在讲究交流和合作。在数学方面，一个人数学能力的提高也经常不是仅仅靠个人的努力能够奏效的。

如果没有华罗庚的影响，陈景润也未必在当时能在数学上那么光彩夺目；丘成桐数学上的造诣和他的老师陈省身的培养不无关系；陈省身的天才成就，得益于他 15 岁考取南开大学，遇到了我国最早的两个数学博士之一的姜立夫，而姜立夫先生是一个善于使他的学生感到数学有趣的数学教育家。陈省身留学法国又曾师从伟大的几何学家嘉当，这对他的研究生涯有重要影响。

学打太极拳也要有好老师，不管学习什么技艺，仅仅靠个人努力难以发挥最大的能力，个人努力以外有没有好师傅这是决定人的成就的很重要的差别。能不能碰到一个好老师有一定运气，也和自己的态度关系也很大。作为老师其实也经常注意年轻人并乐于和年轻人交流并帮助他。但是如果这个人不值得帮助，老师也难以教他。如果一个学习数学的人很善于和老师交流，态度也很积极，那它会学到很多东西，甚至领会到一些只可意会、不可言传的道理。

一个讨论和合作的氛围

数学学习强调独立思考，并不意味着不进行合作和交流。一起学习、一起讨论，取长补短进步会更快。一个宽松又富有人情味的数学讨论的环境是有益的，有助于形成学习者善于思考、乐于探究的精神。在英国、德国、美国这样的国家，据说谈数学、讨论数学的风气就很盛。

人和人的交往，是信息、思维和情感的交流，当和他人各抒己见，自由发挥的时候，也是在思考和体验。良好的人际关系，能消除人的紧张和压抑的感觉，带来轻松的气氛，增加大脑的活力，刺激思想，启迪思路。轻松地讨论问题，自如地表达自己的看法，并根据对方的想法调整自己的想法，这是人的一种天性，这从小孩子之间交往时所进行的对白中可以看到。只是由于学生时代，各种各样的原因，这种交流似乎变得越来越少了。

现代社会除了聪明外，还需要有团队合作精神。要学会与他人合作，开展讨论、交流，这样往往能获取教科书中未能表达的知识层面。在交流的过程中，还可以形成评价与反思的意识，要善于尝试评价不同解题策略之间的差异，去反思解决问题的过程，从而获得解决问题的经验，形成并发展自己的实践能力和创新精神。解决问题中的交流与合作不能流于形式。交流前要有明确的目标，讨论的问题要有思维的价值。合作交流必须以自己的独立探究为基础。当遇到无法解决的问题时，可以向更高明的人请教。另外在动手操作等活动中，也可联系生活、生产实际。多和别人合作，但千万不能让他人代替自己去解决问题。这也是一种生活中经常要运用的解决问题的方式，这种经验不仅有利于自己开阔思路，还有其他的对未来生活有利的微妙作用。

第五节 数学思维品质的培养

数学训练，可以使人终生受益。数学能力不仅在读书时能帮助人很好地理解各种科学方面的原理，并能举一反三，而且能在未来的工作和生活中发挥巨大的作用。这些都归功于数学对人的思维品质的培养。

推理严谨，言必有据

数学中的推理需要严密的逻辑，这使数学思维的品质带有深刻性。在生活中我们的判断经常要靠直觉，有时候甚至坚定地相信自己的直觉。在数学中经常也要依靠直觉，但你不能轻易地相信自己的直觉，无论直觉感觉是多么合理，也一定要有严格的证明才能认定结论是正确的，而一旦从理论上证明过的东西，就不再怀疑，无论直觉感觉是多么不合理，也可以接受。

为了理解数学中的内容和解决数学问题，要求我们准确地使用概念、定义或定理、公式，能符合逻辑地进行判断；还必须习惯于从问题的表面追溯其本质，学会全面地思考问题，善于从众多看似杂乱无章的东西中寻找出共同的规律；对学习中出现的错误，要严格对待、决不马虎，这样才能培养自己严谨求实的思维习惯。

逻辑推理能力的发展首先要学会直接推理，即套用公式直接推出结论。其次要学习间接推理，即需要进行条件转化、寻找依据、经过多个步骤得出结论。推理的整个过程中需要深入分析条件及相互关系，提出假设，反复验证后才能得出结论。推理必须符合逻辑规则，并要追求推理过程的简练、合理。

培养良好的学习习惯

思维是一种艺术，也是一种可以发展的习惯，应该精益求精。在解决问题的反复练习中，学习者也是在形成自己的思维习惯。每个人的思维习惯的不同形成了人的不同风格，在形成自己的思维风格的过程中，还要看到自己思维的不足之处，打破思维定式，借鉴他人的思维方式，不断进取，才能成为思维品质较为完善的人。

数学思维贯穿于各种数学活动中，包括听课、阅读、自学、做题或进行数学的探究性思考等。这些活动中的一些习惯性因素比如阅读方式、写作业的速度等对人的思维方式也具有重要影响，从这些方面也可以培养人的思维品质，因此养成良好的数学学习习惯是重要的。学习者要有意识地发展和完善自己的数学学习习惯，比如阅读和听课，应仔细推敲，弄懂弄通每一个概念、定理和法则，应抓住重点，同时要进行思考和做好笔记，结束时还可以进行一下归纳，等等。就解题而言，通过仔细阅读不仅要了解题目给出了哪些条件，对结论的内容、形式有哪些要求，还要善于发现题目中的隐含条件。

使思维更加活跃

头脑活跃一方面体现于速度，也就是思维的敏捷性。为了敏捷，一方面要训练运算和推理速度，另一方面要尽量熟练掌握数学概念、原理，这样大脑中的"搜索"速度才会快。速度不仅仅是数学知识理解程度的问题，而且还有思维程序和方式的问题。因此，数学学习中，应当时刻向自己提出速度方面的要求，并有意识地进行速度的训练。

灵活性是一种更难以把握的思维品质，比如对于这个数学问题：在一个横4格、纵6格的格子纸上，如何放置18颗棋子，才能使无论横行还是纵行，所放棋子数均是偶数？这个问题大部分人会马上从每一行或每一列出发，一步一步进行调整，这样很麻烦，不容易得到结果。如果把问题化为如何放置24−18＝6个空格子，使横行和纵行都是偶数个，这个问题就被大大简化了。对这个问题的不同解决方式，就显示了人的思维的灵活性的不同。

思维灵活的人在解决问题时，往往对涉及的子问题的层次结构以及将采取的解决方式更灵活地进行思考，脑子多转了一个弯，多一些发散思维，从而能够更迅速有效地解决问题。在一些学习的细节方面多动一些脑子，有助于培养思维的灵活性。如在学习数学概念时，可以尝试用另一种方式来叙述；在学习数学公式时，尽量掌握公式的各种变形等，都有利于培养思维的灵活性。

多一些创新性的思维

培养创造性的思维品质，首先应当融会贯通地学习知识，养成独立思考的习惯。在独立思考的基础上，还要进行积极思考，多思善问，能够提出高质量的问题是创新的开始。通过一题多解的训练，可以提高发散思维能力。通过对自己的思考过程的剖析，可以探索更好的解决问题的思路，等等。

从新的角度去看问题，有可能导致新的发现。在北大的一次讲学中，陈省身先生语出惊人："人们常说，三角形内角和等于180°。但是，这是不对的！"为什么这样说？他解释道："说'三角形内角和等于180°'不对，不是说这个事实不对，而是说这种看问题的方法不对，应当说'三角形外角和等于360°'！"两种说法的区别看起来仅仅在于内角与外角的不同，但了解得更细致一点就会发现这个"外角和等于360°"对任何一个多边形都适用，甚至还可以再在进行推广。这种角度看问题就带来了新的知识。

事实上，"熟视无睹"经常妨碍人们更深地了解事情的真相，变换一种眼光，或许会从普通的画面中看到令人流连忘返的美景。数学的表达看起来枯燥，但剥开这层外壳，就会发现此间其实别有洞天。